职业教育装配式建筑工程技术系列教材

"1＋X"职业技能等级证书系列教材

U0210859

装配式建筑
构件制作与安装实操

刘晓晨　　王施施　主　编

中国建筑工业出版社

图书在版编目（CIP）数据

装配式建筑构件制作与安装实操／刘晓晨，王施施
主编. — 北京：中国建筑工业出版社，2022.8（2023.4 重印）
职业教育装配式建筑工程技术系列教材 "1＋X"职
业技能等级证书系列教材
ISBN 978-7-112-27387-4

Ⅰ. ①装… Ⅱ. ①刘… ②王… Ⅲ. ①建筑工程-装
配式构件-建筑安装-职业技能-鉴定-教材 Ⅳ.
①TU7

中国版本图书馆 CIP 数据核字（2022）第 090896 号

本教材结合 "1＋X 装配式建筑构件制作与安装职业技能等级证书" 的考核内容编写。
全书共包括绪论、劳动保护、叠合板制作、内墙板制作、预制构件安装、预制构件灌浆、
墙板接缝施工几部分及两个附录。
本教材适合职业院校及应用型本科院校土建类专业师生使用。

责任编辑：李天虹　李　阳
责任校对：党　蕾

职业教育装配式建筑工程技术系列教材
"1＋X"职业技能等级证书系列教材
装配式建筑
构件制作与安装实操
刘晓晨　王施施　主　编
＊
中国建筑工业出版社出版、发行（北京海淀三里河路 9 号）
各地新华书店、建筑书店经销
北京鸿文瀚海文化传媒有限公司制版
北京云浩印刷有限责任公司印刷
＊
开本：787 毫米×1092 毫米　1/16　印张：7½　插页：2　字数：179 千字
2022 年 7 月第一版　　2023 年 4 月第二次印刷
定价：28.00 元
ISBN 978-7-112-27387-4
（39500）

前　言

在当前国家大力发展装配式建筑、推动建筑产业化的大潮下，装配式建筑进入高速发展的时期。各地装配式建筑预制构件厂的迅猛兴起，装配式建筑工程项目的大量实施，有效地提高了建筑业的生产效率，改善了建筑业脏、乱、差的行业形象，并在一定程度上促进了供给侧结构性改革并降低建筑业能耗。然而，装配式建筑的发展，面临专业人才供给不足的问题，尤其是既有先进完善的行业专业理念，又有丰富过硬的一线实操能力的专业人才，需求缺口明显。

2019年国务院印发了《国家职业教育改革实施方案》（俗称"职教20条"），明确要求职业院校健全职业教育制度框架，完善高层次应用型人才培养体系，开展高质量职业培训。此外，国家和教育部相继出台政策，要求职业院校和应用型本科院校进一步强化学生的行业一线实操能力，并启动了1+X证书制度。

结合以上行业新形势，本书编写团队根据装配式建筑构件制作与安装的操作工艺，结合目前院校装配式建筑构件制作与安装实训实操的现实条件和建设潜力，并深度借鉴"1+X装配式建筑构件制作与安装职业技能等级证书"的评定制度和内容，完成了本书的编写，旨在为各院校开展装配式建筑构件制作与安装实操提供帮助。

本书共由绪论和6个项目组成。结合"1+X装配式建筑构件制作与安装职业技能等级证书"等权威职业技能证书的考核内容，并考虑现阶段职业院校和应用型本科院校的实操条件，本书仅选取叠合板制作、内墙板制作、预制构件安装、预制构件灌浆、墙板接缝施工5个典型工作环节，通过文、图、表、数字资源并茂的方式进行介绍。

本书由辽宁城市建设职业技术学院刘晓晨、王施施任主编；山东新之筑信息科技有限公司辛秀梅、周生起，中科长洋（山东）科技有限公司贾正浩，滨州职业学院李建国，日照职业技术学院许崇华任副主编。山东新之筑信息科技有限公司为本书提供了大量数字资源。本书编写过程中，参考了大量的文献资料，也参考了大量国内外企业的经验成果，在此向有关企业、专家致以真诚的谢意。

由于编者水平有限，书中难免会有疏漏、不足之处，恳请广大读者批评指正。

目◦录

绪　论

【教学目标】

1. 了解装配式建筑的理念和发展意义。

2. 了解"1＋X 装配式建筑构件制作与安装职业技能等级证书"制度。

【思政目标】

1. 爱岗敬业，扎实工作，打造行业主人翁意识和岗位责任感。

2. 乐学善学，自主探索岗位技能和行业新知的行为习惯。

3. 强化爱国主义热情，深化致力于提升中国建筑业的职业使命。

0.1　装配式建筑构件制作与安装

装配式建筑是指结构系统、外围护系统、设备与管线系统、内装系统的主要部分采用预制部品部件集成的建筑（图0.1.1）。其中，建筑的结构系统由混凝土部件（预制构件）构成的装配式建筑，称为装配式混凝土建筑。

图0.1.1　装配式建筑

装配式建筑把传统建造方式中的大量现场作业工作转移到工厂进行，在工厂加工制作好建筑用部品部件，运输到建筑施工现场，通过可靠的连接方式在现场装配而成。装配式建筑遵循建筑全寿命期的可持续性原则，并做到标准化设计、工厂化生产、装配化施工、信息化管理、一体化装修和智能化应用，是契合现代工业化发展的建筑业生产方式。大力发展装配式建筑，是推进建筑业转型发展的重要方式。

装配式建筑根据主体结构的建造材料不同，可分为装配式混凝土建筑、装配式钢结构建筑和装配式木结构建筑。目前我国的装配式建筑主要以装配式混凝土建筑为主。与现浇结构施工相比，装配式建筑在建造流程上，增加了构件制作和构件安装两步工艺，并且这两步工艺的完成质量对装配式建筑整体质量影响巨大，可以说是装配式建筑的核心建造工艺。

0.2　装配式建筑实操培训与考试

长期以来，高等教育和职业教育对建筑产业人才的培养，存在较严重的"重理论、轻实操"的问题，导致培养出的毕业生动手能力差，实操经验少，纸上谈兵，脱离实践。针对这一问题，国务院于 2019 年印发了《国家职业教育改革实施方案》，强调培养学生职业能力，提出开展高质量职业培训，并启动 1＋X 证书制度。1＋X 证书制度，是指学历证书＋若干职业技能等级证书制度。1＋X 证书制度鼓励学生在获得学历证书的同时，积极取得多类职业技能等级证书，拓展就业创业本领，缓解结构性就业矛盾。

国家深化"放管服"改革，将技能人员水平评价由政府认定改为社会化等级认定，接受市场和社会的认可和检验。在这一政策的鼓励下，"1＋X 装配式建筑构件制作与安装职业技能等级证书"（图 0.2.1）于 2020 年正式启动。该证书作为建筑行业从业人员职业能力认定的重要指标之一，对持有者终身有效。以"1＋X 装配式建筑构件制作与安装职业技能等级证书"为代表的一大批职业技能等级证书应运而生，对行业从业人员和在校学生的职业能力培养与考核，起到了非常显著的激励和规范作用。

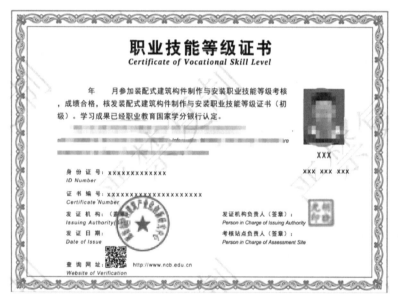

图 0.2.1　1＋X 装配式建筑构件制作与安装职业技能等级证书

装配式建筑具有实操性强的特点，各等级证书在培训与考核内容的制定上，都重点安排了能够充分体现行业工艺流程特点的实操环节和内容，其中装配式建筑构件制作与安装的实操内容是重点内容之一。

项目 1

劳动保护

【教学目标】

1. 掌握安全帽、安全带等常用安全防护设备的正确使用方法，能够正确使用以上常用安全防护设备。

2. 培养自觉穿戴安全防护设备进行建筑工程生产的工作习惯。

3. 能够对劣质或严重磨损的安全防护设备及时发现和更换。

【思政目标】

1. 强化安全意识，对建筑工程安全生产怀有敬畏之心。

2. 遵章守纪，踏实细心，不冲动鲁莽，不蛮干乱干。

3. 服从管理，听从指挥，谦逊明礼，虚心向学。

任何人进入装配式建筑实训场开展实操作业前，都必须做好必要的劳动保护工作。实训场应结合自身情况为实操人员提供必要的劳动保护用品，包含但不限于安全帽、劳保工装和劳保手套等。

任务 1.1 安全帽

安全帽作为建筑施工领域的"安全三宝"之一，对于保护作业者头部安全具有重要的作用。合格的安全帽至少应由帽壳、帽衬和帽带三部分组成，多数安全帽还配有用来调节安全帽松紧程度的帽箍（图 1.1.1）。

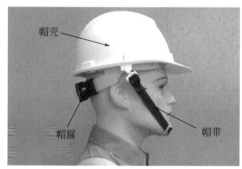

图 1.1.1 安全帽结构图

佩戴安全帽前，使用者首先应挑选适合本人头部大小的安全帽，并对安全帽进行外观检查。对于破损、开裂、变形、部件缺失、强度不足等有损伤或质量问题的安全帽（图 1.1.2），不应使用，应及时更换。

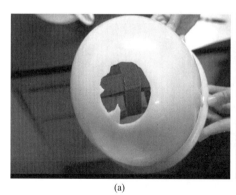
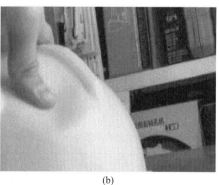

(a)　　　　　　　　　　　　　　　　(b)

图 1.1.2 安全帽破损与强度不足

（a）安全帽破损；（b）安全帽强度不足

领取到适合的安全帽后，使用者应及时佩戴安全帽。佩戴时，必须将安全帽正置于头上，不得歪戴或置于脑后。正置后，使用者须调节帽带，帽带的松紧以既能保证安全帽不会脱落移位，又不会造成佩戴者下颚部不适为宜。对于配有帽箍的安全帽，使用者可通过调节帽箍松紧，来调整安全帽对头部的束缚作用（图1.1.3）。

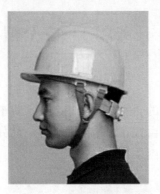

图1.1.3　正确佩戴安全帽

任务1.2　劳保工装

实操人员在进行实操作业时，需按规定穿戴工装。劳保工装应做到统一、整齐、整洁。考虑到装配式建筑实训场的实训条件和实训内容，实训工装常采用反光背心（图1.2.1）。实操作业期间，实操人员应身穿长衣长裤，且不得卷起衣袖口和裤腿，尽

图1.2.1　实操人员穿戴反光背心

量不要将皮肤裸露在外。反光背心应穿着在长衣外。实操人员应穿专业施工防滑鞋，条件有限时可穿运动鞋代替，严禁穿拖鞋、凉鞋、高跟鞋等进行实操作业。

由于实训场环境相对脏乱，建议实操人员穿着耐脏的服饰。

任务 1.3 劳保手套

实操作业期间，实操人员应佩戴劳保手套（图 1.3.1）。佩戴前，实操人员应按照自己手部大小选择适合自己的劳保手套，并应对劳保手套的质量进行检查，如遇破损应立即更换。实操作业结束后，应及时将劳保手套内外污物擦洗干净。

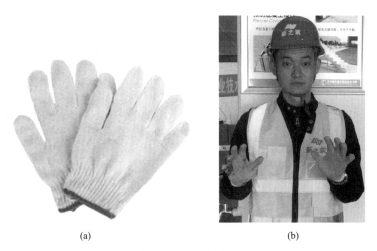

(a)   (b)

图 1.3.1 劳保手套

（a）劳保手套展示图；（b）实操人员佩戴劳保手套

任务 1.4 安全带

实操过程中进行高处作业时，实操人员需正确佩戴安全带。目前建筑行业多采用"五点式"安全带，即安全带与使用者的两肩、腰腹部和双腿进行绑缚，通过五点处的连接绑缚实现对使用者的固定。此外，安全带使用应高挂低用，即安全带的挂钩需与位于高处的坚固物体进行扣接，佩戴安全带实操人员在相对低处作业（图 1.4.1）。

图 1.4.1　佩戴安全带

项目 2

叠合板制作

【教学目标】

1. 了解叠合板制作常用的设备，掌握其使用方法，并能正确使用。

2. 理解叠合板制作的操作工艺，并能实操完成叠合板制作工作。

3. 能够对叠合板制作成果进行验收和评价。

【思政目标】

1. 树立集体主义意识，乐于团结协作，沟通交流。

2. 建立互帮互助，宽厚包容的工作作风。

3. 工作严谨认真，一丝不苟。

装配式混凝土叠合板，是指预制混凝土板顶部在现场后浇混凝土而形成的整体板构件。其中，底层的预制混凝土板称为装配式混凝土叠合板的预制层，顶部的后浇混凝土层称为现浇层或叠合层。

装配式混凝土叠合板的预制层由专业的预制构件生产厂家在工业化流水生产线上完成制作，其制作过程主要包括生产前准备、模具组装、钢筋绑扎与预埋件安装、混凝土浇筑与养护、构件后处理、工完料清等步骤。考虑到装配式建筑构件制作实操教学与考核工作的可行性和经济性，并参考"1＋X装配式建筑构件制作与安装职业技能等级证书"实操考试等权威考试的纲要与流程，本书在本项目及之后涉及的实操环节，将不包含混凝土浇筑与养护、构件后处理这两个难度和危险性大且成本高的实操环节。

任务 2.1　实操设备

2.1.1　实操工具

1. 模台

模台（图 2.1.1）是预制构件生产的作业面，也是预制构件的底模板。模台面板宜选用整块钢板制作，钢板厚度不宜小于 10mm。模台表面必须平整，表面高低差在任意 2000mm 长度内不得超过 2mm。

模台尺寸应满足预制构件的制作尺寸要求，预制构件厂的模台尺寸一般不小于 3500mm×9000mm，用于装配式建筑构件制作实操培训和考核的模台可根据实际情况缩尺制作。

2. 模具

模具是专门用来生产预制构件的各种模板系统。装配式混凝土构件的模具以钢模为主。钢筋混凝土叠合板的模具（图 2.1.2）主要由用于叠合板预制层四周的四个边模板组成。

图 2.1.1　模台

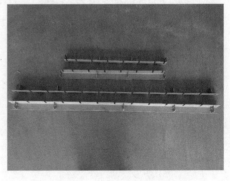

图 2.1.2　叠合板模具

3. 测量工具

装配式混凝土叠合板制作的实操过程需要用到的测量工具主要有钢卷尺（图2.1.3a）、游标卡尺（图2.1.3b）、角尺（图2.1.3c）、楔形塞尺（图2.1.3d）、钢直尺（图2.1.3e）等。

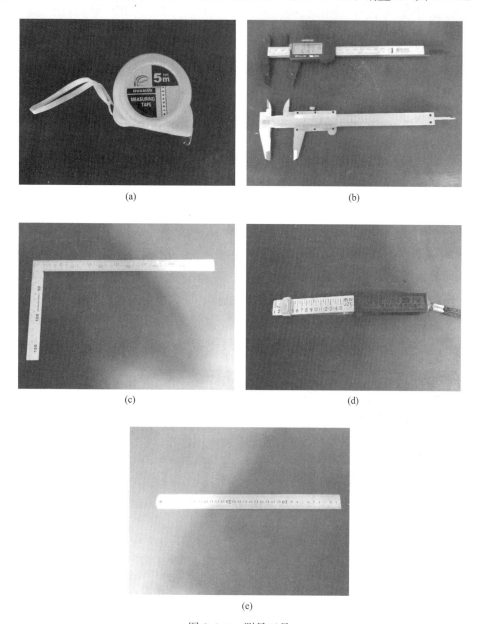

图 2.1.3　测量工具

（a）钢卷尺；（b）游标卡尺；（c）角尺；（d）楔形塞尺；（e）钢直尺

常用的游标卡尺分为电子式（图2.1.3b上）和机械式（图2.1.3b下）两种。测量时，可根据被测物体的形状特征，选择使用外测量爪测量（图2.1.4a）或内测量爪测量（图2.1.4b）。电子式游标卡尺可直接通过显示屏读取电子显示的尺寸值；机械式游标卡尺则需要人工干预进行读数，其具体读数方法如下：

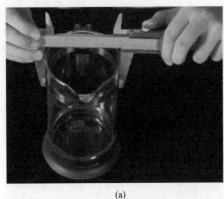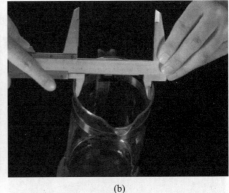

(a)　　　　　　　　　　　　　　　　(b)

图 2.1.4　游标卡尺使用方法

（a）外测量爪测量；（b）内测量爪测量

（1）读出副尺 0 刻度左边的主尺刻度，图 2.1.5（a）所示读数为 98mm；

（2）观察副尺标识，确定游标卡尺的精度，图 2.1.5（b）所示游标卡尺精度为 0.05mm；

（3）找出主尺刻度线与副尺刻度线完全对齐的位置，并数出该刻度在副尺刻度线中的排列序位；图 2.1.5（c）所示副尺刻度线的排列序位为 16；

（4）本次游标卡尺测量的读数＝主尺读数＋副尺刻度线序位数×游标卡尺精度，如图 2.1.5 所示，其最终读数为 98＋16×0.05＝98.80mm。

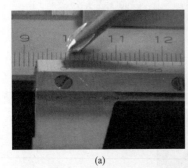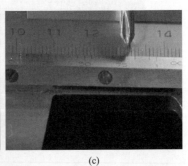

(a)　　　　　　　　　　(b)　　　　　　　　　　(c)

图 2.1.5　机械式游标卡尺读数方法

（a）读取主尺刻度；（b）确定卡尺精度；（c）读取副尺刻度线的序位

楔形塞尺就是一个宽约 10mm、长约 70mm，一端薄如刀刃，另一端厚约 8mm 的楔形尺。使用时将刀口一端插入缝隙，然后读出楔形尺上在缝隙口处的读数，这个数就是缝隙宽度。

4. 放线工具

放线，是指根据需要制作构件的尺寸构造要求，运用测量技术在模台或其他适宜的位置绘制出保证构件制作准确的控制线。放线工作中所常用的测量工具主要有钢卷尺、钢直尺以及钢角尺等，绘制控制线的主要工具有铅笔和墨斗（图 2.1.6）。

墨斗是建筑业放线工作常用的工具之一。放线时，应先用铅笔配合测量工具，画出定位直线上的两个点，然后拉出墨斗的带墨棉线，将棉线压实在预先画出的两点上，中间的棉线向上掂起，然后迅速松开掂起的棉线使其回弹，与模台撞击，从而将棉线上的墨画到模台的指定位置。

5. 扳手

扳手（图 2.1.7）是一种常用的安装与拆卸工具。其主要利用杠杆原理，拧转螺栓、螺钉、螺母等。使用时，可通过旋拧扳手上的螺旋调节扳手开口的大小。

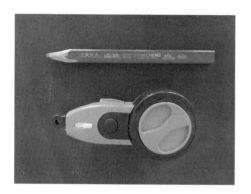

图 2.1.6 放线工具

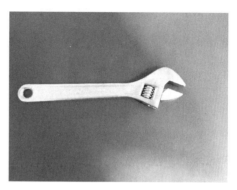

图 2.1.7 扳手

6. 磁盒、拆磁盒撬杠

磁盒（图 2.1.8）是固定侧模板的主要工具。使用时将其置于构件侧模板外侧，然后按下磁力开关，使磁盒与钢模台牢固连接。使用时常将磁盒紧贴侧模板外侧固定，从而使得磁盒可作为侧模外侧的支撑。磁盒的拆除需要用到专用的拆磁盒撬杠（图 2.1.9）。拆除磁盒时将拆磁盒撬杠端头扣紧磁盒的磁力开关，然后压动长柄远端，通过杠杆原理将磁盒的磁力开关撬起，从而使磁盒与钢模台分离。

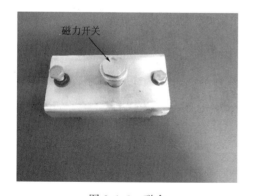

磁力开关

图 2.1.8 磁盒

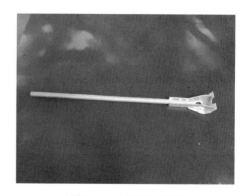

图 2.1.9 拆磁盒撬杠

7. 橡胶锤

橡胶锤（图 2.1.10）是锤头用橡胶材质制成的锤子。这种锤子的锤头富有弹性，可有效缓解锤击势能，主要用于调整模板位置，锤击锁定磁盒磁力开关等，也常用于敲打玻璃、瓷砖等易碎物。

8. 滚刷

滚刷（图2.1.11）是一种涂刷液体或膏状体的专用工具，滚刷的滚轮材质多为工程塑料和纤维，优质滚刷的滚轮多用天然羊毛面料。在装配式建筑构件制作中，滚刷常用于涂刷脱模剂、缓凝剂、界面剂等。实操过程中使用的滚刷应能保证漆膜平滑，纹理均匀、细腻。质量不合格或损耗严重的滚刷需及时更换。

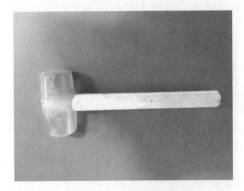

图2.1.10　橡胶锤

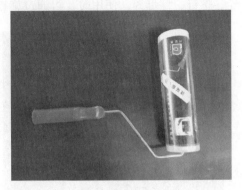

图2.1.11　滚刷

9. 扎钩

扎钩（图2.1.12a）是绑扎钢筋的常用工具。绑扎钢筋时，首先将扎丝对折，在钢筋交叉位置将扎丝从对角位置绕住钢筋，然后用扎钩钩住扎丝的对折一端（图2.1.12b），再将另一端扎丝缠绕在扎钩上（图2.1.12c），随后旋拧扎钩，将扎丝扎紧（图2.1.12d）。

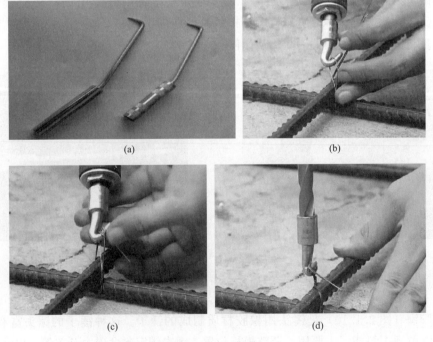

(a)　　　　　　　　　　　(b)

(c)　　　　　　　　　　　(d)

图2.1.12　扎钩

(a) 扎钩展示图；(b) 扎钩使用——扎钩钩住扎丝；(c) 扎钩使用——扎丝缠绕扎钩；(d) 扎钩使用——旋拧扎钩

10. 出筋口封堵工具

由于叠合板侧向有钢筋伸出，故叠合板侧模需预留出筋孔。钢筋绑扎完毕后，需要对侧模出筋孔进行封堵，以防混凝土浇筑时从出筋孔流出。目前行业常用叠合板侧模孔专用夹具（图 2.1.13a）对侧模出筋孔进行封堵。实操时如不具备条件，可选择海绵条（图 2.1.13b）代替。

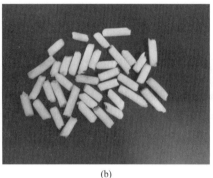

(a)　　　　　　　　　　　　　　　　(b)

图 2.1.13　出筋口封堵工具

（a）叠合板侧模孔专用夹具；（b）海绵条

11. 钢丝钳

钢丝钳（图 2.1.14）的主要功能是将具有一定硬度的细钢丝夹断。在叠合板制作实操环节中，主要用于工完料清时夹断绑扎钢筋用的扎丝。

12. 清洁工具

实操工位应配备清洁工具，主要包括抹布、扫把、垃圾桶等。

2.1.2　实操材料

1. 螺栓

螺栓（图 2.1.15）是用来连接两个或两个以上金属类构件的紧固材料。在叠合板制作环节，螺栓主要用于侧模板间的连接。使用时需注意，螺栓的型号需与待连接构件预留孔洞相匹配。

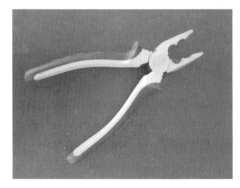

图 2.1.14　钢丝钳　　　　　　　　　　　图 2.1.15　螺栓

2. 脱模剂、缓凝剂

脱模剂和缓凝剂是模板工程常用的材料，其形态比较接近，如图 2.1.16 所示。脱模剂的主要作用是使模板表面光滑洁净、易于脱离。缓凝剂的主要作用是延缓混凝土的凝结硬化，叠合板制作中主要涂刷于侧模内侧，进而延缓该处混凝土的凝结速度，便于后期在构件侧表面生成混凝土粗糙面。

3. 梅花形垫块

梅花形垫块（图 2.1.17）是一种用于控制构件混凝土保护层厚度的材料。由于其呈梅花状，故而得名。不同型号梅花形垫块的大小和厚度不同，使用时应结合需求选用。使用时，梅花形垫块可卧式放置也可立式放置，工程上以立式放置（图 2.1.17b）居多。

图 2.1.16　脱模剂和缓凝剂

(a)

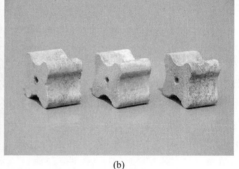

(b)

图 2.1.17　梅花形垫块

（a）梅花形垫块展示图；（b）梅花形垫块立式放置

4. 扎丝

扎丝（图 2.1.18）是用来绑扎钢筋的镀锌钢丝，其直径约为 0.3～0.45mm。钢筋工程中常用扎丝将钢筋在交叉点处绑扎，使其形成整体的钢筋网片或钢筋笼。

5. 接线暗盒

接线暗盒（图 2.1.19）简称线盒，是建筑工程或各类装修施工中必需的电工辅助工具，可以同时起到连接电线、保障各种电器线路的过渡和保护线路安全的作用。叠合板制作时，需根据图纸要求在叠合板内将所需线盒预留好，避免电气施工时对构件进行二次剔凿。

6. 钢筋

钢筋加工
工艺演示

装配式钢筋混凝土建筑是钢筋混凝土建筑门类下的一种建筑类型，其预制构件主要由钢筋和混凝土作为结构材料。因此，装配式钢筋混凝土建筑预制构件制作需按照施工图纸进行钢筋配料。

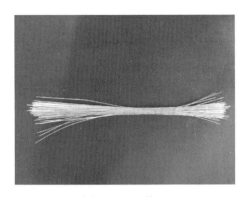

图 2.1.18　扎丝

图 2.1.19　接线暗盒

任务 2.2　实操工艺

2.2.1　生产前准备

1. 劳保用品准备

穿戴工装，佩戴安全帽和手套。

2. 领取工具

根据实操需要，领取相应工具。

本实操项目所需领取的工具包括但不限于表 2.2.1 所示内容。实操时可根据实际情况进行准备，但应能保证本次实操内容顺利进行。

叠合板制作领取工具一览表　　　　　　　　　　　　表 2.2.1

序号	工具名称	数量	序号	工具名称	数量
1	钢卷尺	1把	10	拆磁盒撬棍	1把
2	游标卡尺	1把	11	橡胶锤	1把
3	钢角尺	1把	12	滚刷	1把
4	楔形塞尺	1把	13	扎钩	1把
5	钢直尺	1把	14	出筋孔封堵工具	1套
6	墨斗	1个	15	钢丝钳	1把
7	铅笔	1根	16	扫把	1把
8	扳手	1把	17	抹布	1块
9	磁盒	8个	—	—	—

图 2.2.1　领取模具

3. 领取模具

模具领取时，应先对模具进行选型确认。用肉眼观察模具表面是否有开裂破损、严重锈迹，并用钢卷尺校核模具的尺寸（图 2.2.1）。确认满足使用要求后，对选中使用的模具进行清理。

4. 领取钢筋

按照预制构件制作详图中的钢筋表信息领取钢筋。叠合板预制层的钢筋包括底部纵横向钢筋、桁架钢筋、吊点处附加筋。领取时应先对钢筋进行选型确认，观察钢筋表面形态，并用钢卷尺测量钢筋长度（图 2.2.2a），用游标卡尺测量钢筋直径（图 2.2.2b），然后对选中使用的钢筋进行清理。

(a)

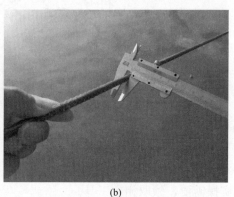

(b)

图 2.2.2　领取钢筋

（a）测量钢筋长度；（b）测量钢筋直径

5. 领取埋件

根据实操需要，领取相应埋件。装配式钢筋混凝土叠合板最常见的埋件是接线暗盒。实操时可根据实际条件进行准备，但应保证本次实操内容能够顺利进行。

6. 领取辅材

根据实操需要，领取相应材料。

本实操项目所需领取的材料包括但不限于表 2.2.2 所示内容。实操时可根据实际情况进行准备，但应能保证本次实操内容顺利进行。

叠合板制作领取材料一览表　　　　　　　　　　　　　　　　表 2.2.2

序号	工具名称	数量	序号	工具名称	数量
1	螺栓	按模板连接孔数量	4	梅花垫块	若干
2	隔离剂	1桶	5	扎丝	1包
3	缓凝剂	1桶	—	—	—

操作人员需一次性领取本次实操所需用到的所有工具和材料。如果出现工具或材料领取不全的情况，实际工程中需要重新申请工具材料，将会影响操作进度。实操教学应以实际工程标准要求操作人员，杜绝二次领取现象的发生。

7. 卫生检查与清理

观察场地四周及模台处是否有垃圾。如有垃圾，应及时用扫把清理干净（图 2.2.3）。

模台清扫与
喷涂工艺

图 2.2.3　卫生检查与清理

2.2.2　模具组装

1. 定位画线

根据图纸中预制混凝土叠合板模板图尺寸要求，在模台上定位画线。先用钢卷尺、角尺和铅笔确定所画线段的起止位置，再用墨斗在模板上弹出边线（图 2.2.4）。

(a)　　　　　　　　　　　　　　　　　　(b)

图 2.2.4　定位画线

（a）定位；（b）画线

画线时，应先画出固定端模具位置线，然后画出对面模具位置线，最后画出两边位模具位置线。如果构件制作详图上没有定义模具固定端，实操人员可自行选定，但应选择长边作为模具固定端。

图 2.2.5 模具摆放

2. 模具摆放

根据上步画出的边线，摆放叠合板侧模具，摆放时应保证模具位置准确（图 2.2.5）。

3. 模具初固定

先将固定端侧模具通过两枚磁盒进行终固定（图 2.2.6a）。相邻侧模具之间用螺栓进行连接，完成对另外三个侧模具的初固定。模具间螺栓不宜旋拧过紧，应保证其位置可微调（图 2.2.6b）。安装螺栓应注意避开侧模具的出筋孔，以免影响钢筋伸出。

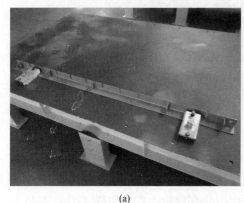

(a)   (b)

图 2.2.6 模具初固定
(a) 固定端终固定；(b) 侧模间螺栓连接

4. 模具校正

用工具分别检查组装模具长度、宽度、对角线、组装缝隙和高低差等项目，其误差值应满足表 2.2.3 的要求。若超出误差范围，则用橡胶锤进行调整，调整后再次复测（图 2.2.7）。

预制构件模具尺寸允许偏差和检验方法　　　　　　表 2.2.3

项次	检验项目、内容		允许偏差（mm）	检验方法
1	长度	≤6m	1，−2	用尺量测平行构件高度方向，取其中偏差绝对值较大处
		>6m 且≤12m	2，−4	
		>12m	3，−5	
2	宽度、高（厚）度	墙板	1，−2	用尺量测两端或中部，取其中偏差绝对值较大处
3		其他构件	2，−4	

续表

项次	检验项目、内容	允许偏差（mm）	检验方法
4	底模表面平整度	2	用2m靠尺和塞尺量测
5	对角线差	3	用尺量测对角线
6	侧向弯曲	$L/1500$ 且 $\leqslant 5$	拉线，用钢尺量测侧向弯曲最大值
7	翘曲	$L/1500$	对角拉线测量交点距离值的2倍
8	组装缝隙	1	用塞片或塞尺量测，取最大值
9	端模与侧模高低差	1	用钢尺量测

注：L 为模具与混凝土接触面中最长边的尺寸。

5. 模具终固定

模具校正无误后，拧紧侧模间螺栓，在非固定端侧模外侧分别紧贴放置两枚磁盒并固定，从而对所有侧模具完成终固定（图2.2.8）。注意磁盒的安放位置应避开出筋孔，避免位置冲突，影响钢筋伸出。

图 2.2.7　模具校正

图 2.2.8　模具终固定

6. 涂刷缓凝剂和隔离剂

用滚刷在侧模具内表面上均匀涂刷缓凝剂，在模台上均匀涂刷隔离剂。涂刷时应先涂刷模具，后涂刷模台，并保证剂液饱满，不得漏涂。

7. 模具组装质量检验

完成以上操作后，应由实操人员或考评员对模具的组装质量进行检验。检验标准参见表2.2.3，可结合实操人员的专业程度，对表中要求适当放宽。质检完成后，应根据检验结果填写"构件制作-模具组装质量检查表"（表2.2.4），由质量负责人和质检员分别在"构件制作-模具组装质量检查表"上签字确认。此表的填写方式可参见表2.2.5。

构件制作-模具组装质量检查表 表 2.2.4

构件名称				生产日期		
序号	检查项目		允许偏差（mm）	设计值（mm）	实测值（mm）	判定
1	模具选型		型号准确			
2	模具固定	磁盒固定牢固、无松动	牢固、无松动			
		相邻模具固定	牢固、无松动			
3	长度	≤6m	1，−2			
		＞6且≤12m	2，−4			
		＞12m	3，−5			
4	宽度	墙板	1，−2			
		其他构件	2，−4			
5	高度（厚度）	墙板	1，−2			
		其他构件	2，−4			
6	对角线误差		3			
7	组装缝隙		1			
8	端模与侧模高低差		1			

检验结果：

质量负责人：   质检员：

注：参照《装配式混凝土建筑技术标准》GB/T 51231—2016 表 9.3.3。

"构件制作-模具组装质量检查表"填写示例 表 2.2.5

构件名称			PCB1	生产日期	2021-11-17	
序号	检查项目		允许偏差（mm）	设计值（mm）	实测值（mm）	判定
1	模具选型		型号准确	准确	准确	合格
2	模具固定	磁盒固定牢固、无松动	牢固、无松动	牢固、无松动	牢固、无松动	合格
		相邻模具固定	牢固、无松动	牢固、无松动	牢固、无松动	合格
3	长度	≤6m	1，−2	1700	1699	合格
		＞6且≤12m	2，−4			
		＞12m	3，−5			
4	宽度	墙板	1，−2			
		其他构件	2，−4	980	978	合格
5	高度（厚度）	墙板	1，−2			
		其他构件	2，−4	60	57	合格

续表

序号	检查项目	允许偏差（mm）	设计值（mm）	实测值（mm）	判定
6	对角线误差	3	0	2	合格
7	组装缝隙	1	0	0	合格
8	端模与侧模高低差	1	0	0	合格

检验结果：

合格

质量负责人：王×   质检员：李×

注：参照《装配式混凝土建筑技术标准》GB/T 51231—2016 表 9.3.3。

2.2.3 钢筋绑扎与预埋件安装

1. 放置垫块

为了准确设置叠合板底层钢筋的保护层，需要在摆放底层钢筋前放置保护层垫块。根据钢筋混凝土结构的构造要求，当楼板混凝土等级不小于 C30 时，楼板构件的混凝土保护层厚度取 15mm。因此，叠合板选用 15mm 厚的梅花形垫块。放置时垫块位置应满足要求，一般每间隔 500mm 左右放置。垫块应对齐放置，并与钢筋布置位置相匹配（图 2.2.9）。

2. 钢筋摆放与绑扎

根据图纸要求，按顺序依次摆放钢筋。首先摆放水平钢筋，再摆放竖向钢筋，最后摆放桁架筋和吊点附加筋。

钢筋摆放完成后，应使用扎钩和扎丝对钢筋进行绑扎。底层钢筋四周最外一排应各交叉点逐一绑扎，中间各交叉点间隔 600mm 梅花形绑扎。绑扎时需严格控制钢筋网片各交叉点间尺寸，且严格控制钢筋外露长度（图 2.2.10）。

图 2.2.9　放置垫块

图 2.2.10　钢筋摆放与绑扎

3. 钢筋绑扎质量检验

钢筋绑扎完成后，需对钢筋摆放与绑扎质量进行检验。质检应遵循表2.2.6要求。质检完成后应根据检验结果填写"构件制作-钢筋绑扎和预埋件安装质量检查表"（表2.2.8）中对应钢筋绑扎的部分内容，可参照表2.2.9填写。

钢筋成品的允许偏差和检验方法 表 2.2.6

项目		允许偏差（mm）	检验方法
钢筋网片	长、宽	±5	钢尺检查
	网眼尺寸	±10	钢尺量连续三档，取最大值
	对角线	5	钢尺检查
	端头不齐	5	钢尺检查
钢筋骨架	长	0，−5	钢尺检查
	宽	±5	钢尺检查
	高（厚）	±5	钢尺检查
	主筋间距	±10	钢尺量两端、中间各一点，取最大值
	主筋排距	±5	钢尺量两端、中间各一点，取最大值
	箍筋间距	±10	钢尺量连续三档，取最大值
	弯起点位置	15	钢尺检查
	端头不齐	5	钢尺检查
	保护层 柱、梁	±5	钢尺检查
	板、墙	±3	钢尺检查

钢筋绑扎
与预埋件
安装

4. 预埋件安装

根据图纸位置要求安装预埋件。叠合板构件中常见预埋件主要是接线暗盒等。

安装前要确认预埋件的规格型号是否与图纸要求一致。确认无误后将预埋件放置在图纸要求的位置，并用扎丝将其与周边钢筋绑扎固定。

5. 模具开孔封堵

用出筋口封堵工具，将侧模出筋位置的缝隙进行封堵，确保侧模密实、不漏浆。

6. 埋件固定质量检验

对预埋件的安装固定质量进行检验。其检验标准见表2.2.7。根据检验结果填写"构件制作-钢筋绑扎和预埋件安装质量检查表"（表2.2.8）中对应预埋件安装的部分内容，由质量负责人和质检员在"构件制作-钢筋绑扎和预埋件安装质量检查表"上签字。此表的填写方式可参见表2.2.9。

模具上预埋件、预留孔洞安装允许偏差　　　　　　　　　表 2.2.7

项次	检验项目		允许偏差（mm）	检验方法
1	预埋钢板、建筑幕墙用槽式预埋组件	中心线位置	3	用尺量测纵横两个方向的中心线位置，取其中较大值
		平面高差	±2	用钢直尺和塞尺检查
2	预埋管、电线盒、电线管水平和垂直方向的中心线位置偏移、预留孔、浆锚搭接预留孔（或波纹管）		2	用尺量测纵横两个方向的中心线位置，取其中较大值
3	插筋	中心线位置	3	用尺量测纵横两个方向的中心线位置，取其中较大值
		外露长度	+10，0	用尺量测
4	吊环	中心线位置	3	用尺量测纵横两个方向的中心线位置，取其中较大值
		外露长度	0，-5	用尺量测
5	预埋螺栓	中心线位置	2	用尺量测纵横两个方向的中心线位置，取其中较大值
		外露长度	+5，0	用尺量测
6	预埋螺母	中心线位置	2	用尺量测纵横两个方向的中心线位置，取其中较大值
		平面高差	±1	用钢直尺和塞尺检查
7	预留洞	中心线位置	3	用尺量测纵横两个方向的中心线位置，取其中较大值
		尺寸	+3，0	用尺量测纵横两个方向尺寸，取其中较大值
8	灌浆套筒及连接钢筋	灌浆套筒中心线位置	1	用尺量测纵横两个方向的中心线位置，取其中较大值
		连接钢筋中心线位置	1	用尺量测纵横两个方向的中心线位置，取其中较大值
		连接钢筋外露长度	+5，0	用尺量测

构件制作-钢筋绑扎和预埋件安装质量检查表　　　　　　表2.2.8

构件名称		检查日期			
序号	检查项目	允许偏差（mm）	设计值（mm）	实测值（mm）	判定
1	钢筋绑扎质量检验　钢筋型号及数量	—			
2	绑扎处是否牢固	—			
3	钢筋间距	(10，−10)			
4	外露钢筋长度	(10，0)			
5	预埋件质量检验　埋件选型及数量	—			
6	安装牢固、无松动	—			
7	安装位置	(10，−10)			

检验结果：

质量负责人：　　　　　　　　　　　　　　　　　　　　质检员：

注：参照《装配式混凝土建筑技术标准》GB/T 51231—2016 表9.3.4和表9.4.3。

"构件制作-钢筋绑扎和预埋件安装质量检查表"填写示例　　　　　表2.2.9

构件名称		PCB1 2021-11-17	检查日期	2021-11-17		
序号		检查项目	允许偏差（mm）	设计值（mm）	实测值（mm）	判定
1	钢筋绑扎质量检验	钢筋型号及数量	—	准确	准确	合格
2		绑扎处是否牢固	—	牢固	牢固	合格
3		钢筋间距	(10，−10)	150	146	合格
4		外露钢筋长度	(10，0)	290/90	292/91	合格
5	预埋件质量检验	埋件选型及数量	—	准确	准确	合格
6		安装牢固、无松动	—	牢固	牢固	合格
7		安装位置	(10，−10)	300，350	302，347	合格

检验结果：

合格

质量负责人：张×　　　　　　　　　　　　　　　　　　　质检员：李×

注：参照《装配式混凝土建筑技术标准》GB/T 51231—2016 表9.3.4和表9.4.3。

2.2.4　工完料清

完成以上操作后，实操人员需将所有工具清理收纳，妥善处理实操过程中产生的垃圾。做到工完料清后，结束本次实操作业。

任务 2.3　考核标准

钢筋混凝土预制构件制作的实操工作，建议由四位实操人员作为一个团队共同完成。根据实操团队成员数量，将整体操作流程分成四个环节。每位实操人员在某一操作环节中担任主导角色，并在其余三个实操环节中担任主操角色。主导角色为本考核项的主要工艺指导和施工组织人员，通过有序组织安排，保证本项操作的质量、效率和安全；主操角色为本考核项的主要操作人员，接受"主导角色"安排，通过标准工艺操作配合队员完成本项操作任务。实操某一构件制作环节时，该环节主导角色需要组织、指挥整体团队完成该环节既定任务，并对该环节操作质量负总责；该环节主操角色接受主导人员指挥，完成主导人员指令，配合主导人员完成该环节既定任务。

本书参考"1+X 装配式建筑构件制作与安装职业技能等级证书"实操考试的考核标准，制定了如表 2.3.1～表 2.3.4 所示考核标准。使用者可根据实际情况对该标准进行适当调整。

"构件制作-1 号考核人员"实操考核评定表　　　　　　　　表 2.3.1

一、主导考核项（70分）			
序号	考核项	考核内容（工艺流程＋质量控制＋组织能力＋生产安全）	评分标准
1	生产前准备（35分）	劳保用品准备　佩戴安全帽（3分）	（1）内衬圆周大小调节到头部稍有约束感为宜。（2）系好下颚带，下颚带应紧贴下颚，松紧以下颚有约束感，但不难受为宜。均满足以上要求可得满分，否则不得分
		穿戴劳保工装、防护手套（3分）	（1）劳保工装做到"统一、整齐、整洁"，并做到"三紧"，即领口紧、袖口紧、下摆紧，严禁卷袖口、卷裤腿等现象。（2）必须正确佩戴手套，方可进行实操考核。均满足以上要求可得满分，否则不得分
		领取工具　根据生产工艺选择工具（4分）	发布"领取工具"指令，指挥主操人员领取全部工具。满足以上要求可得满分，否则不得分

一、主导考核项（70分）			
序号	考核项	考核内容（工艺流程＋质量控制＋组织能力＋生产安全）	评分标准
1	生产前准备（35分）	领取模具	依据图纸进行模具选型（4分）	发布"领取模具"指令，指挥主操人员正确使用工具（钢卷尺）领取模具。满足以上要求可得满分，否则不得分
			模具清理（2分）	发布"模具清理"指令，指挥主操人员正确使用工具（抹布）清理模具。满足以上要求可得满分，否则不得分
		领取钢筋	依据图纸进行钢筋选型（规格、加工尺寸、数量）（4分）	发布"领取钢筋"指令，指挥主操人员正确使用工具（钢卷尺、游标卡尺）选型，领取钢筋。满足以上要求可得满分，否则不得分
			钢筋清理（2分）	发布"钢筋清理"指令，指挥主操人员正确使用工具（抹布）清理钢筋。满足以上要求可得满分，否则不得分
		领取埋件	依据图纸进行埋件选型（吊件、套筒及配管、线盒、PVC管等）及数量确定（4分）	发布"领取预埋件"指令，指挥主操人员领取预埋件。满足以上要求可得满分，否则不得分
		领取辅材	辅材选型（扎丝，垫块，波胶、套筒固定锁等）及数量确定（4分）	发布"领取辅材"指令，指挥主操人员根据图纸领取辅材。满足以上要求可得满分，否则不得分
		卫生检查及清理	生产场地卫生检查及清扫（3分）	发布"场地检查"指令，指挥主操人员使用工具（扫把）规范清理场地。满足以上要求可得满分，否则不得分
			模台清理（2分）	发布"模台清理"指令，指挥主操人员使用工具（扫把）规范清理模台。满足以上要求可得满分，否则不得分
2	质量控制（20分）	工具选择	工具选择合理、数量准确（3分）	生产前准备质量控制贯穿整个考核过程，若后面操作过程中发现工具、模具、钢筋、埋件、辅材等型号和数量有误，则返回到此项扣分，满足要求得满分，否则不得分
		模具选型	模具选型合理、数量准确（3分）	

一、主导考核项（70分）			
序号	考核项	考核内容（工艺流程＋质量控制＋组织能力＋生产安全）		评分标准
2	质量控制（20分）	钢筋选型	钢筋选型合理、数量准确（4分）	生产前准备质量控制贯穿整个考核过程，若后面操作过程中发现工具、模具、钢筋、埋件、辅材等型号和数量有误，则返回到此项扣分，满足要求得满分，否则不得分
		预埋件选型	埋件选型合理、数量准确（3分）	
		辅材选择	辅材选型合理、数量准确（3分）	
		卫生检查及清理	场地干净清洁（2分）	
			模台干净清洁（2分）	
3	组织协调（15分）	指令明确（5分）		指令明确，口齿清晰，无明显错误得满分，否则不得分
		分工合理（5分）		分工合理，无窝工或分工不均情况得满分，否则不得分
		纠正错误操作（5分）		及时纠正主操人员错误操作，并给出正确指导得满分，否则不得分
4	安全生产	生产过程中严格按照安全文明生产规定操作，无恶意损坏工具、原材料且无因操作失误造成考试干系人伤害等行为		出现严重损坏设备、伤人事件，判定对应操作人和主导人不合格
				出现一项一般危险行为对对应人扣10分。主导人制止不扣分，未提前干预或制止则对主导人扣10分，上不封顶

二、主操考核项（30分）			
序号	考核项	考核内容（团队协作＋工艺实操）	评分标准
1	模具组装（10分）	按照主导人指令完成工艺操作	（1）服从指挥，配合其他人员得5分。（2）能正确使用工具和材料，按照主导人指令完成工艺操作得5分。满分10分，全部符合得10分，一项符合得5分，都不符合不得分
2	钢筋绑扎与预埋件安装（10分）		
3	质量检验与工完料清（10分）		

"构件制作-2 号考核人员"实操考核评定表 表 2.3.2

一、主导考核项（70 分）			
序号	考核项	考核内容（工艺流程＋质量控制＋组织能力＋生产安全）	评分标准
1	模具组装工艺流程（35 分）	依据图纸在模台进行画线（6 分）	发布"画线"指令，指挥主操人员正确使用画线工具（墨盒、钢卷尺、角尺、铅笔），线盒加水，规范画线。满足以上要求可得满分，否则不得分
		依据模台画线位置进行模具摆放（6 分）	发布"模具摆放"指令，指挥主操人员根据画线正确摆放模具。满足以上要求可得满分，否则不得分
		模具初固定操作（5 分）	发布"模具初固定"指令，指挥主操人员正确使用工具（扳手、螺栓），相邻模具初固定，墙板固定端直接终固定。满足以上要求可得满分，否则不得分
		模具测量校正（8 分）	发布"模具测量校正"指令，指挥主操人员正确使用工具（钢卷尺、塞尺、钢直尺、橡胶锤等），检测模具组装长度、宽度、高（厚）度、对角线、组装缝隙、模具间高低差等是否符合要求，若超出误差范围则用橡胶锤进行调整。满足以上要求可得满分，否则不得分
		模具终固定操作（5 分）	发布"模具终固定"指令，指挥主操人员正确使用工具（橡胶锤、磁盒、扳手），依次终固定螺栓和磁盒。满足以上要求可得满分，否则不得分
		模台、模具涂刷隔离剂/缓凝剂（5 分）	发布"模台、模具涂刷隔离剂/缓凝剂"指令，指挥主操人员正确使用工具（滚筒），先涂刷模具，再涂刷模台。根据不同构件类型选择不同材料（隔离剂/缓凝剂），模台涂刷隔离剂，内剪力墙、叠合板模具涂刷缓凝剂，梁、柱模具涂刷隔离剂和缓凝剂。满足以上要求可得满分，否则不得分
2	质量控制（20 分）	模具选型 · 模具选型合理、数量准确（2 分）	模具终固定后由 4 号考核人员主导"模具组装质量检验"，根据测量数据判断是否符合模具组装标准，在误差范围之内得满分，否则不得分（综合考虑设备和模具匹配精度问题，建议适当放大允许误差范围约 2～3 倍，但构件实际生产过程中允许误差范围严格按照国家标准执行）
		模具固定标准 · 磁盒固定牢固、无松动（2 分）	
		模具固定标准 · 相邻模具固定牢固、无松动（2 分）	

一、主导考核项（70分）			
序号	考核项	考核内容（工艺流程＋质量控制＋组织能力＋生产安全）	评分标准
2	质量控制（20分）	模具组装标准	长度误差范围（5mm，−3mm）（2分）	模具终固定后由4号考核人员主导"模具组装质量检验"，根据测量数据判断是否符合模具组装标准，在误差范围之内得满分，否则不得分（综合考虑设备和模具匹配精度问题，建议适当放大允许误差范围约2~3倍，但构件实际生产过程中允许误差范围严格按照国家标准执行）
			宽度误差范围（5mm，−3mm）（2分）	
			高（厚）度误差范围（5mm，−3mm）（2分）	
			对角线差误差范围（3mm，0）（3分）	
			组装缝隙误差范围（3mm，0）（3分）	
			模具间高低差误差范围（3mm，0）（2分）	
3	组织协调（15分）	指令明确（5分）	指令明确，口齿清晰，无明显错误得满分，否则不得分
		分工合理（5分）	分工合理，无窝工或分工不均情况得满分，否则不得分
		纠正错误操作（5分）	及时纠正主操人员错误操作，并给出正确指导得满分，否则不得分
4	安全生产	生产过程中严格按照安全文明生产规定操作，无恶意损坏工具、原材料且无因操作失误造成考试干系人伤害等行为	出现严重损坏设备、伤人事件，判定对应操作人和主导人不合格
			出现一项一般危险行为对对应人扣10分。主导人制止不扣分，未提前干预或制止则对主导人扣10分，上不封顶

二、主操考核项（30分）			
序号	考核项	考核内容（团队协作＋工艺实操）	评分标准
1	生产前准备（10分）	按照主导人指令完成工艺操作	（1）服从指挥，配合其他人员得5分。（2）能正确使用工具和材料，按照主导人指令完成工艺操作得5分。满分10分，全部符合得10分，一项符合得5分，都不符合不得分
2	钢筋绑扎与预埋件安装（10分）		
3	质量检验与工完料清（10分）		

"构件制作-3号考核人员"实操考核评定表   表2.3.3

一、主导考核项(70分)			
序号	考核项	考核内容(工艺流程＋质量控制＋组织能力＋生产安全)	评分标准
1	钢筋绑扎与预埋件安装工艺流程(35分)	钢筋摆放绑扎 / 放置垫块(5分)	发布"放置垫块"指令,指挥主操人员正确使用材料(垫块),每间隔约500mm放置一个垫块。满足以上要求可得满分,否则不得分
		依据图纸进行钢筋摆放(受力钢筋、分布钢筋、附加钢筋)(10分)	发布"依据图纸进行钢筋摆放"指令,指挥主操人员按照图纸进行受力钢筋、分布钢筋、附加钢筋摆放,正确使用工具(钢卷尺、长度校正工具)摆放校正。摆放时先控制一个钢筋甩出长度,其他相邻钢筋以较长工具平行模具快速校正。满足以上要求可得满分,否则不得分
		钢筋绑扎(6分)	发布"钢筋绑扎"指令,指挥主操人员正确使用工具(扎钩、钢卷尺)和材料(扎丝),规范要求四边满绑,中间600mm梅花边绑扎,边调整钢筋位置。满足以上要求可得满分,否则不得分(考虑时间问题,考评员可根据考生绑扎熟练程度指定绑扎几处)
		埋件预埋 / 依据图纸进行埋件摆放(6分)	发布"埋件摆放"指令,指挥主操人员正确选择埋件并摆放,埋件位置符合图纸要求。满足以上要求得满分,否则不得分
		埋件固定(4分)	发布"埋件固定"指令,指挥主操人员正确选择工具[扳手、扎钩(如有)、工装(如有)]和材料[扎丝(如有)]固定埋件。满足以上要求得满分,否则不得分
		模具开孔封堵(4分)	发布"模具开孔封堵"指令,指挥主操人员正确使用材料(封堵材料),封堵模具侧孔,考评员根据操作数量程度有权指挥考生跳过重复动作,进行下一工序。满足以上要求可得满分,否则不得分
2	质量控制(20分)	钢筋摆放绑扎质量 / 钢筋型号及数量是否正确(4分)	"钢筋绑扎与预埋件安装"完成后由4号考核人员主导"钢筋绑扎与预埋件安装质量检验",根据测量数据判断是否符合模具组装标准,在误差范围之内得满分,否则不得分(综合考虑设备和模具匹配精度问题,建议适当放大允许误差范围约2～3倍,但构件实际生产过程中允许误差范围严格按照国家标准执行)
		绑扎处是否牢固(3分)	
		钢筋间距误差范围(10mm,−10mm)(3分)	
		外露钢筋长度误差范围(10mm,0mm)(3分)	
		埋件安装质量 / 埋件选型合理、数量准确(2分)	
		安装牢固、无松动(2分)	
		−10mm≤安装位置≤10mm(3分)	

		一、主导考核项(70分)	
序号	考核项	考核内容(工艺流程＋质量控制＋组织能力＋生产安全)	评分标准
3	组织协调 (15分)	指令明确 (5分)	指令明确,口齿清晰,无明显错误得满分,否则不得分
		分工合理 (5分)	分工合理,无窝工或分工不均情况得满分,否则不得分
		纠正错误操作 (5分)	及时纠正主操人员错误操作,并给出正确指导得满分,否则不得分
4	安全生产	生产过程中严格按照安全文明生产规定操作,无恶意损坏工具、原材料且无因操作失误造成考试干系人伤害等行为	出现严重损坏设备、伤人事件,判定对应操作人和主导人不合格
			出现一项一般危险行为对对应人扣10分。主导人制止不扣分,未提前干预或制止则对主导人扣10分,上不封顶

		二、主操考核项(30分)	
序号	考核项	考核内容 (团队协作＋工艺实操)	评分标准
1	生产前准备 (10分)	按照主导人指令完成工艺操作	(1)服从指挥,配合其他人员得5分。(2)能正确使用工具和材料,按照主导人指令完成工艺操作得5分。满分10分,全部符合得10分,一项符合得5分,都不符合不得分
2	模具组装 (10分)		
3	质量检验与工完料清 (10分)		

"构件制作-4号考核人员"实操考核评定表   表 2.3.4

		一、主导考核项(70分)		
序号	考核项	考核内容(工艺流程＋质量控制＋组织能力＋生产安全)		评分标准
1	质量检验工艺流程 (27分)	模具组装质量检验	模具选型检验 (2分)	发布"模具选型检验"指令,指挥主操人员正确使用检验工具(钢卷尺)按照图纸检验模具型号是否正确。满足以上要求可得满分,否则不得分(考评员需监督查看)
			模具固定检验 (2分)	发布"模具固定检验"指令,指挥主操人员正确使用检验工具(橡胶锤)检验模具固定是否牢固。满足以上要求可得满分,否则不得分(考评员需监督查看)
			模具组装尺寸检验 (2分)	发布"模具组装尺寸检验"指令,指挥主操人员正确使用工具(钢卷尺、塞尺、钢直尺等),参照"2号考生模具质量控制标准"检测模具组装长度、宽度、高(厚)度、对角线、组装缝隙、模具间高低差等是否符合要求。满足以上要求可得满分,否则不得分(考评员需监督查看)

		一、主导考核项(70分)		
序号	考核项	考核内容(工艺流程＋质量控制＋组织能力＋生产安全)		评分标准
1	质量检验工艺流程(27分)	模具组装质量检验	模具组装质量检验表填写(3分)	根据实际测量数据,规范填写"模具组装质量检验表",并上交考评员。满足以上要求可得满分,否则不得分
		钢筋绑扎质量检验	钢筋选型及摆放检验(2分)	发布"钢筋选型及摆放检验"指令,指挥主操人员正确使用工具(钢卷尺、游标卡尺),根据图纸钢筋表检验钢筋型号是否正确。满足以上要求可得满分,否则不得分(考评员需监督查看)
			钢筋绑扎检验(2分)	发布"钢筋绑扎检验"指令,指挥主操人员检验2～3处绑扎点是否牢固。满足以上要求可得满分,否则不得分(考评员需监督查看)
			钢筋成品尺寸检验(2分)	发布"钢筋成品尺寸检验"指令,指挥主操人员正确使用工具(钢卷尺),根据图纸检验钢筋间距和外露钢筋是否符合要求。满足以上要求可得满分,否则不得分(抽检1处)(考评员需监督查看)
			钢筋隐蔽工程检查表填写(3分)	根据实际测量数据,规范填写"钢筋摆放绑扎质量检查表",并上交考评员。发布以上指令得满分,否则不得分
		埋件固定质量检验	埋件选型检验(2分)	发布"埋件选型检验"指令,指挥主操人员肉眼观察型号是否符合图纸要求。满足以上要求可得满分,否则不得分(考评员需监督查看)
			埋件位置检验(2分)	发布"埋件位置检验"指令,指挥主操人员正确使用工具(钢卷尺)检验埋件位置是否符合图纸要求。满足以上要求可得满分,否则不得分(抽检1处)(考评员需监督查看)
			埋件固定检验(2分)	发布"埋件固定检验"指令,指挥主操人员检验埋件固定是否牢固。满足以上要求可得满分,否则不得分(考评员需监督查看)
			预埋件检查表填写(3分)	根据实际测量数据,规范填写"预埋件检查表",并上交考评员。发布以上指令得满分,否则不得分
2	工完料清工艺流程(8分)	拆解复位考核设备	拆除并复位埋件(1分)	发布"拆除并复位埋件"指令,指挥主操人员正确使用工具(扳手)依据先装后拆的原则拆除埋件,并将埋件放置原位。满足以上要求可得满分,否则不得分
			拆除并复位钢筋(1分)	发布"拆除并复位钢筋"指令,指挥主操人员正确使用工具(钢丝钳)依据先装后拆的原则拆除钢筋,并放置原位。满足以上要求可得满分,否则不得分
			拆除并复位模具(2分)	发布"拆除并复位模具"指令,指挥主操人员正确使用工具(扳手、撬棍)依据先装后拆的原则拆除磁盒、螺栓,并将模具放置原位。满足以上要求可得满分,否则不得分

一、主导考核项(70分)			
序号	考核项	考核内容(工艺流程＋质量控制＋组织能力＋生产安全)	评分标准
2	工完料清工艺流程(8分)	工具入库(1分)	发布"工具入库"指令,指挥主操人员清点工具,对需要保养工具(如工具污染、损坏)进行保养或交于工作人员处理。满足以上要求可得满分,否则不得分
		材料回收(1分)	回收可再利用材料,放置原位,分类明确,摆放整齐。满足以上要求得满分,否则不得分
		场地清理(1分)	发布"场地清理"指令,指挥主操人员正确使用工具(扫把)清理模台和地面,不得有垃圾(扎丝),清理完毕后归还清理工具。满足以上要求可得满分,否则不得分
3	质量控制(20分)	模具尺寸检查表填写质量(3分)	填写数据规范完整,不得漏填、错填。满足以上要求得满分,否则不得分
		钢筋隐蔽工程检查表填写质量(3分)	
		预埋件检查表填写质量(3分)	
		设备复位质量　埋件复位(2分)	拆除设备需放置原位,分类明确,摆放整齐。满足以上要求得满分,否则不得分
		设备复位质量　钢筋复位(2分)	
		设备复位质量　模具复位(2分)	
		工具入库(2分)	归还工具放置原位,分类明确,摆放整齐。满足以上要求得满分,否则不得分
		材料回收(2分)	回收可再利用材料,放置原位,分类明确,摆放整齐。满足以上要求得满分,否则不得分
		场地清理(1分)	场地和模台清洁干净,无垃圾(扎丝)。满足以上要求得满分,否则不得分
4	组织协调(15分)	指令明确(5分)	指令明确,口齿清晰,无明显错误得满分,否则不得分
		分工合理(5分)	分工合理,无窝工或分工不均情况得满分,否则不得分
		纠正错误操作(5分)	及时纠正主操人员错误操作,并给出正确指导得满分,否则不得分
5	安全生产	生产过程中严格按照安全文明生产规定操作,无恶意损坏工具、原材料且无因操作失误造成考试干系人伤害等行为	出现严重损坏设备、伤人事件,判定对应操作人和主导人不合格
			出现一项一般危险行为对对应人扣10分。主导人制止不扣分,未提前干预或制止则对主导人扣10分,上不封顶

二、主操考核项(30分)			
序号	考核项	考核内容 (团队协作＋工艺实操)	评分标准
1	生产前准备 (10分)	按照主导人指令完成工艺操作	(1)服从指挥,配合其他人员得5分。(2)能正确使用工具和材料,按照主导人指令完成工艺操作得5分。满分10分,全部符合得10分,一项符合得5分,都不符合不得分
2	模具组装 (10分)		
3	钢筋绑扎与 预埋件安装 (10分)		

项目 3

内墙板制作

【教学目标】

1. 了解内墙板制作常用的设备，掌握其使用方法，并能正确使用。

2. 理解内墙板制作的操作工艺，并能实操完成内墙板制作工作。

3. 能够对内墙板制作成果进行验收和评价。

4. 能够对预制构件制作工艺流程进行分析研究，探索培养设计和优化工艺流程的能力。

【思政目标】

1. 强化岗位责任意识，树立工匠精神。

2. 打造领导决策意识，善于应变，敢于担当。

3. 提升团队角色意识，不越位指挥。

预制钢筋混凝土内墙板是装配式混凝土建筑中常见的预制构件。内墙板预制构件多在预制构件厂的专业流水生产线上生产，再运输到施工现场完成装配。

与前一项目类似，本书在设计实操环节时，考虑实操的安全性和可行性，对实际生产形式进行了一定程度的简化，在保证不影响学习效果的前提下，提高实操练习的效率。

任务 3.1　实操设备

除在项目 2 叠合板制作中介绍到的实操工具外，内墙板制作尚需以下工具与材料。

1. 灌浆套筒

灌浆套筒（图 3.1.1）是一种用于实现钢筋连接的材料，多用于装配式混凝土建筑构件竖向钢筋连接。内墙板构件常用的灌浆套筒是半灌浆套筒，其一端预留套丝并通过丝扣与钢筋进行连接，另一端预留孔洞并将与其连接的钢筋伸入孔洞，再通过侧面的灌浆孔灌入水泥基灌浆料，通过灌浆料的粘结能力将伸入的钢筋与套筒进行连接，从而实现两根钢筋的连接（图 3.1.1b）。

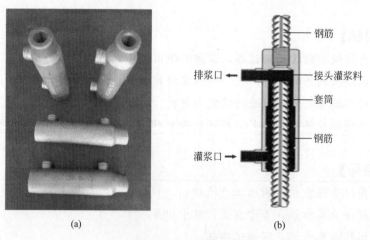

(a) 　　　　　　　　　　　　(b)

图 3.1.1　灌浆套筒
（a）灌浆套筒展示；（b）灌浆套筒连接示意

2. 灌浆套筒引出管

灌浆套筒引出管（图 3.1.2）是灌浆套筒的辅助性材料，多为 PVC 管。使用时将其一端与灌浆套筒的灌浆孔或出浆孔连接，另一端引出至内墙板构件表面外，保证浇筑混凝土完毕后灌浆套筒引出管在构件表面外侧，能够通过灌浆套筒引出管完成对灌浆套筒的灌浆作业。

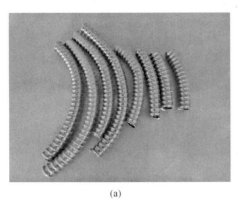
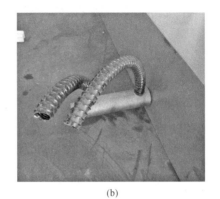

(a)　　　　　　　　　　　　　　　　　(b)

图 3.1.2　灌浆套筒引出管
（a）灌浆套筒引出管展示；（b）灌浆套筒引出管与灌浆套筒连接

3. 套筒固定件

套筒固定件（图 3.1.3a）是在内墙板构件制作中用来将灌浆套筒与模板连接固定的工具。使用时将套筒固定件的螺杆穿过模板上的预留孔，将带有黑色胶皮的一端留置在模板内侧，用套筒固定件自带的螺帽在模板外侧与螺杆拧紧，从而将套筒固定件与模板牢固连接（图 3.1.3b）。安装灌浆套筒时，将套筒固定件黑色胶皮端塞紧进套筒下端的连接孔，从而将灌浆套筒与模板连接固定。

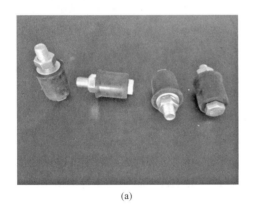

(a)　　　　　　　　　　　　　　　　　(b)

图 3.1.3　套筒固定件
（a）套筒固定件展示；（b）套筒固定件与模板连接

4. 圆头吊钉

圆头吊钉（图 3.1.4a）是内墙板竖直起吊时用于连接吊具的预埋件。其在构件中的预留形态如图 3.1.4（b）所示。

5. 胶波

胶波（图 3.1.5a）是内墙板制作中用来固定圆头吊钉的工具，其工作原理与套筒固定件类似，也是通过螺栓连接将胶波与模板连接固定，然后将圆头吊钉的一端螺帽（通常是小而厚的一端）插入胶波中，从而实现对圆头吊钉的安装固定（图 3.1.5b）。

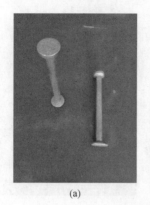

(a)   (b)

图 3.1.4　圆头吊钉

（a）圆头吊钉展示；（b）圆头吊钉与吊具连接

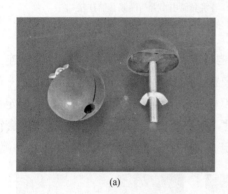
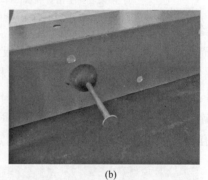

(a)   (b)

图 3.1.5　胶波

（a）胶波展示；（b）用胶波固定圆头吊钉

6. 预埋内丝

预埋内丝（图 3.1.6a）是内墙板重要的预埋件之一，内墙板制作时需按图纸要求将其预埋在构件里，其主要作用是在构件安装时与斜支撑的螺杆进行螺栓连接，从而实现内墙板装配过程中的临时固定。内墙板构件制作时，预埋内丝通过螺栓连接与附加模具连接固定，操作者需通过调整丝扣保证预埋内丝外口面与墙板混凝土外表面平齐（图 3.1.6b）。

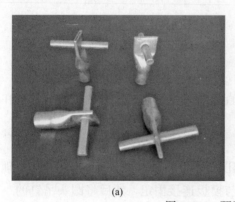

(a)   (b)

图 3.1.6　预埋内丝

（a）预埋内丝展示；（b）预埋内丝安装

7. 模具

内墙板制作所用到的模具（图 3.1.7）主要由 4 个侧模板和若干用于固定预埋内丝的附加模具组成。由于内墙板与叠合板的尺寸和构造不同，实操人员应认真阅读图纸，保证模具选型正确。

图 3.1.7　内墙板模具

任务 3.2　实操工艺

3.2.1　生产前准备

内墙板制作过程中，生产前准备环节与叠合板制作中的生产前准备环节相似，依次包括劳保用品准备、领取工具、领取模具（图 3.2.1）、领取钢筋、领取埋件、领取辅材、卫生检查与清理等。

内墙板制作

需要强调的是，内墙板制作所用到的模具与叠合板制作用到的模具不同。内墙板所用钢筋与叠合板钢筋亦不相同，领取时需遵循图纸中的钢筋表所提供的信息。此外，内墙板制作过程中还需要用到灌浆套筒、圆头吊钉、胶波、预埋内丝、侧模封堵材料等埋件与辅件。

3.2.2　模具组装

内墙板模具组装过程主要有定位画线、模具摆放（图 3.2.2）、模具初固定、模具校正、模具终固定、涂刷隔离剂和缓凝剂（图 3.2.3）、模具组装质量检验等步骤，与叠合板制作基本相同。

内墙板模具初固定环节中，需要首先对模具的固定端进行终固定，再对另外 3 个侧模板进行初固定和微调。其终固定方法是将固定端模具外侧水平螺栓孔与模台螺栓孔对

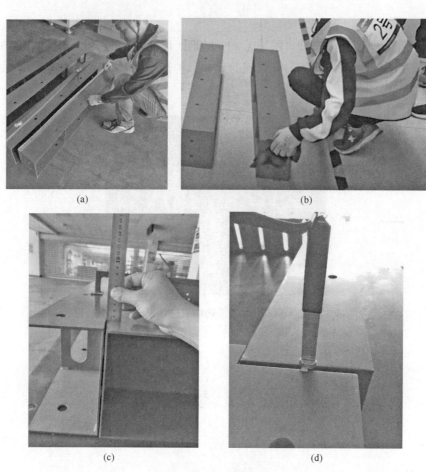

图 3.2.1 领取模具

(a) 模具检查；(b) 模具清理；(c) 测量端模与侧模高差；(d) 测量模板组装缝隙

齐放置，再用螺栓将两者连接在一起（图3.2.4）。相较叠合板通过磁盒进行终固定的方法，这种通过螺栓连接将模具与模台固定的方式质量更佳。受作业条件制约，内墙板另外3个侧模板的终固定依然采用磁盒固定的方式。

图 3.2.2 模具摆放

图 3.2.3 涂刷隔离剂和缓凝剂

内墙板
模具组装

图 3.2.4　内墙板固定端终固定

内墙板模具组装质量检验应遵循表 2.2.3 规定，质检人员应根据质检情况填写表 2.2.4 并归档。

3.2.3　钢筋绑扎与预埋件安装

内墙板制作过程中，钢筋绑扎和预埋件安装主要包括放置垫块、钢筋摆放与绑扎、钢筋绑扎质量检验、预埋件安装、模具开孔封堵、埋件固定质量检验等步骤，与叠合板制作几乎相同。

根据钢筋混凝土结构的混凝土保护层厚度要求，内墙板的混凝土保护层多为 15mm，故应选择 15mm 厚规格的梅花形垫块。放置时，垫块位置应满足放置要求（图 3.2.5）。

钢筋摆放应严格按照图纸要求，按顺序依次摆放钢筋。先摆放水平钢筋，再摆放竖向钢筋，最后摆放拉筋并绑扎。钢筋绑扎完毕后进行预埋件安装。

钢筋绑扎和预埋件安装完成后，均需对所完成的工作进行质量检验。其检验标准见

图 3.2.5　放置垫块

表 2.2.6 和表 2.2.7。质检完成后应填写表 2.2.8 并归档。

3.2.4　工完料清

完成以上操作后，实操人员需将所有工具清理收纳，妥善处理实操过程中产生的垃圾。做到工完料清后，结束本次实操作业。

内墙板
模板拆除

任务 3.3 考核标准

预制钢筋混凝土内墙板制作实操的考核标准，可参照任务 2.3 中提到的考核标准制定。实操时可根据实际情况对相关标准进行适当调整。

项目 4

预制构件安装

【教学目标】

1. 了解预制构件安装常用的设备，掌握其使用方法，并能正确使用。

2. 理解预制构件安装的操作工艺，并能实操完成预制构件安装工作。

3. 能够对预制构件安装成果进行验收和评价。

4. 初步具备设计和优化预制构件安装工艺流程的能力。

【思政目标】

1. 爱岗敬业，强化工匠精神。

2. 团结协作，服从团队管理，提升互助意识。

3. 主动思辨，开拓创新，精益求精。

预制构件安装，是指将已经制作完成并质检合格的装配式建筑预制构件，根据图纸要求安装在建筑物中的相应位置，并与相邻构件可靠连接的施工过程。不同预制构件的安装操作流程和要求差异很大。考虑到装配式建筑构件安装实操教学与考核工作的可行性和经济性，并参考"1＋X装配式建筑构件制作与安装职业技能等级证书"实操考试等权威考试的要求与流程，本书仅给出预制外挂墙板和预制钢筋混凝土剪力墙板安装的实操建议，其中剪力墙板选用外墙板。

任务 4.1 实操设备

4.1.1 实操工具

1. 操作平台

预制构件安装操作平台（图 4.1.1），是用来模拟预制构件安装工位与工况环境的装置。操作平台由底座和外挂墙板安放架等组成，底座用来模拟下层楼板，底座上按照墙板安装位置预留钢筋和螺栓连接孔；外挂墙板安放架是外挂墙板安装的固定架，用来实操外墙板安装时与构件连接。

2. 墙板插放架

墙板插放架（图 4.1.2）是用来临时存放竖向预制构件的工具。墙板插放架多为定型化设计的装置，由钢制架体和可拆卸的钢管组成。可拆卸钢管间的空间用来存放预制构件，存放时构件可着力于钢管上。存放构件时，预制构件下应垫设木楞，以保证预制构件底部的稳定。

图 4.1.1 操作平台

图 4.1.2 墙板插放架

3. 起吊设备及吊具

预制构件体积大、重量大，吊运工作需要起吊设备协助。考虑到实操人员的专业能力，建议采用简易式的手动起吊设备，并配合必要的吊具（图 4.1.3）。如图 4.1.3 所示的起吊设备下部安装滚轮可实现设备的水平位移。滚轮带有制动开关，可以在预制构件安装时将起吊设备固定。

4. 测量工具

预制构件安装实操工艺所需要的测量工具主要有钢卷尺、游标卡尺、塞尺、钢直尺、水平尺、线坠等。钢卷尺、游标卡尺、塞尺、钢直尺在前文已经介绍过，这里不再赘述。

水平尺（图 4.1.4）是用来检查构件表面垂直度和平整度的工具。使用时将水平尺紧贴在被测物体表面，通过观察水平尺与被测物间缝隙大小判断其平整度；通过观察水准泡位置判断其垂直度。线坠（图 4.1.5）是测量构件表面垂直度的工具。通过将线坠

图 4.1.3　起吊设备及吊具

端头的铅锤自由坠下，将棉线自由拉伸至与地面垂直，测量棉线与被测物表面的水平距离。通过比较不同高度处棉线与物体表面水平距离的差值，判断被测物表面的垂直度。

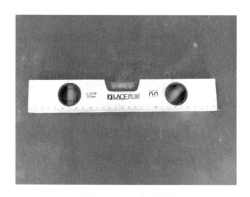

图 4.1.4　水平尺

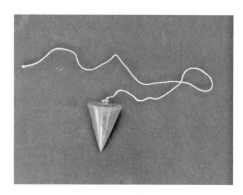

图 4.1.5　线坠

5. 混凝土结合面处理工具

混凝土结合面处理工具主要包括锤子、钢錾子、喷壶（图 4.1.6）。其中，锤子和钢錾子主要用于凿毛结合面混凝土。使用时将钢錾子尖锐一端与混凝土面接触，通过用锤子锤击钢錾子另一端，形成结合面的混凝土粗糙面。

6. 预留钢筋处理工具

预留钢筋处理工具主要包括钢丝刷、角磨机和钢筋校正工具。钢丝刷（图 4.1.7a）是用来处理钢筋表面残留物的工具，其刷毛是由钢丝制作，具有较高的强度和残留物清理能力。角磨机（图 4.1.7b）是用来切割、剔磨预留钢筋的工具。钢筋校正工具（图 4.1.8）用来调整预留钢筋的垂直度，操作方法是将钢筋校正工具套在预留钢筋上，通过水平扳动钢筋校正工具实现对预留钢筋的垂直度调整。

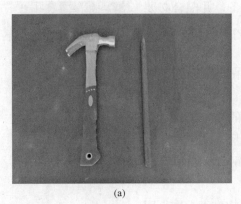

(a)　　　　　　　　　　　　　　　(b)

图 4.1.6　混凝土结合面处理工具

(a) 锤子、钢錾子；(b) 喷壶

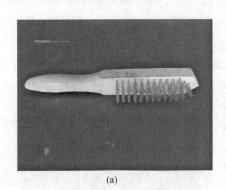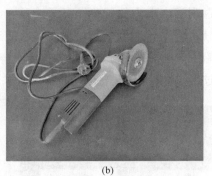

(a)　　　　　　　　　　　　　　　(b)

图 4.1.7　预留钢筋处理工具

(a) 钢丝刷；(b) 角磨机

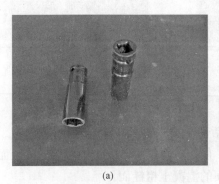

(a)　　　　　　　　　　　　　　　(b)

图 4.1.8　钢筋校正工具

(a) 钢筋校正工具；(b) 用钢筋校正工具校正钢筋

7. 标高测量工具

标高测量工具（图 4.1.9）主要有水准仪（图 4.1.9a）、水准尺（图 4.1.9b）等。水准仪是测定作业面两点间高差的仪器。预制构件安装实操过程中，标高测量工具主要用来校核构件的安装高度。

8. 模板工具

模板工具主要用于预制墙板间后浇连接节点处的混凝土工程施工。这里提到的模板工具，包括铝模板、背楞、对拉螺栓等（图 4.1.10）。

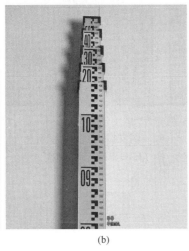

（a）　　　　　　　　（b）

图 4.1.9　标高测量工具

（a）水准仪；（b）水准尺

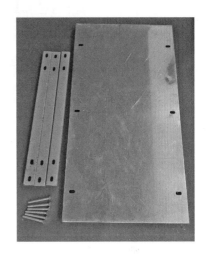

图 4.1.10　模板工具

9. 镜子

预制钢筋混凝土墙板安装时，常需要用镜子辅助操作。镜子的主要作用是通过反射原理观察墙板下方套筒的位置，从而帮助实操人员将预留钢筋和预制墙板下方的套筒对位。

10. 撬棍

撬棍（图 4.1.11）是调整预制构件位置的辅助工具，其工作原理是利用杠杆原理将重物从地面掀起并发生位移。根据撬棍用途的不同，撬棍端头可制成六棱头、圆头或扁头等不同形式。图 4.1.11 所示撬棍为一端六棱头一端扁头。

11. 斜支撑

斜支撑（图 4.1.12）是用来临时固定预制剪力墙板的工具。预制剪力墙板和操作平台底座上预先留设螺栓孔，斜支撑可

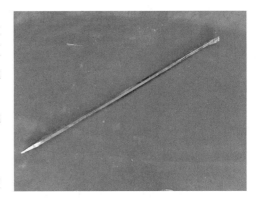

图 4.1.11　撬棍

通过这些螺栓孔与操作平台底板和预制剪力墙板进行连接，进而将剪力墙临时固定。通过旋拧斜支撑竖杆上的丝扣，调整斜支撑竖杆长度，进而调整剪力墙板的垂直度。

12. 放线工具、钢丝钳、扳手、扎钩、滚筒、橡胶锤、清洁工具

放线工具主要有墨斗、铅笔，清洁工具主要有抹布、扫把、垃圾桶等。以上工具在前文已经介绍过，这里不再赘述。

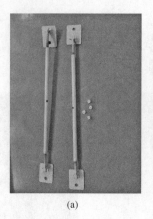

(a) (b)

图 4.1.12 斜支撑

(a) 斜支撑及螺栓；(b) 用斜支撑临时固定墙板

4.1.2 实操材料

1. 橡塑棉条

橡塑棉条（图 4.1.13）是装配式钢筋混凝土建筑中一种常用的保温材料。建筑外墙外立面需要设置连续的保温层，不得出现冷桥。对于装配式建筑，预制构件保温层间的间隙需用橡塑棉条或具有相似性能的其他材料封堵密实。

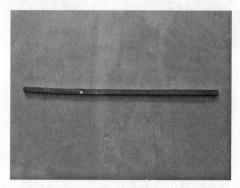

图 4.1.13 橡塑棉条

2. 垫块

垫块（图 4.1.14）是用来调节预制构件装配高度的材料。垫块表面标识垫块厚度，使用者可选择所需厚度的垫块使用，也可以将多个垫块上下罗列叠加使用。

图 4.1.14 垫块

3. 外挂墙板上连接件

外挂墙板上连接件（图 4.1.15）是用于外挂墙板上端和外挂墙板固定架上端连接固定的材料。外挂墙板和其固定架上预先留设螺栓孔，位置与外挂墙板上连接件上的孔洞对应，墙板安装时可用螺栓将两者进行连接固定。

4. 混凝土保护层卡子

混凝土保护层卡子（图4.1.16）是一种用来形成混凝土保护层的材料。混凝土保护层卡子多由塑料或加强塑料材质制成，使用时将其套箍在钢筋上，通过其自身刚度保证钢筋与模板间距，进而保证混凝土保护层厚度满足要求。

图 4.1.15　外挂墙板上连接件

图 4.1.16　混凝土保护层卡子

图 4.1.17　直螺纹钢筋连接套筒

5. 直螺纹钢筋连接套筒

直螺纹钢筋连接套筒（图4.1.17）是传递钢筋轴向拉力或压力的钢套管，用于钢筋的直线连接。直螺纹钢筋连接套筒内壁预留丝扣，连接前需要在钢筋端头一定长度范围内同样制作出丝扣，而后两者通过丝扣进行连接。

6. 螺栓、扎丝、隔离剂、钢筋

以上材料在前文已经介绍过，这里不再赘述。

任务 4.2　实操工艺

4.2.1　生产前准备

1. 劳保用品准备

穿戴工装，佩戴安全帽和手套。

预制构件
安装

2. 设备检查

设备检查应重点检查吊装设备。对吊装设备进行空载起吊和降落，检验其是否能够正常工作。如有故障应及时停止实操作业并报修。

3. 领取工具

根据实操需要，领取相应工具。

本实操项目所需领取的工具包括但不限于表 4.2.1 所示内容。实操时可根据实际情况进行准备，但应能保证本次实操内容的顺利进行。

构件安装领取工具一览表 表 4.2.1

序号	工具名称	数量	序号	工具名称	数量
1	钢卷尺	1把	14	水准尺	1把
2	游标卡尺	1把	15	模板工具	满足图纸要求
3	塞尺	1把	16	镜子	多个
4	钢直尺	1把	17	撬棍	1根
5	水平尺	1把	18	斜支撑	1套
6	线坠	1个	19	墨斗	1个
7	铁锤	1把	20	铅笔	1根
8	钢錾子	1个	21	钢丝钳	1把
9	喷壶	1个	22	扎钩	1把
10	钢丝刷	1把	23	滚筒	1把
11	角磨机	1个	24	橡胶锤	1把
12	钢筋校正工具	1个	25	清洁工具	1套
13	水准仪	1台	—	—	—

4. 领取材料

根据实操需要，领取相应材料。本实操项目所需领取的材料包括但不限于表 4.2.2 所示内容。实操时可根据实际情况进行准备，但应能保证本次实操内容顺利进行。

构件安装领取材料一览表 表 4.2.2

序号	工具名称	数量	序号	工具名称	数量
1	橡塑棉条	若干	5	扎丝	若干
2	垫块	若干	6	隔离剂	1桶
3	外挂墙板上连接件	1套	7	钢筋	按图纸
4	螺栓	若干	8	混凝土保护层卡子	若干

操作人员需一次性领取本次实操所需用到的所有工具和材料。如果出现工具或材料领取不全的情况，实际工程中需要重新申请工具材料，影响操作进度。实操教学应以实际工程标准要求操作人员，杜绝二次领取现象的发生。

5. 卫生检查及清理

观察场地及设备四周是否存在垃圾，如存在垃圾，应及时用扫把清理干净（图 4.2.1）。

图 4.2.1　卫生检查及清理

4.2.2　外挂墙板吊装

1. 外挂墙板质量检查

外挂墙板吊装前，应对外挂墙板进行质量检查，依次核对构件外观、尺寸、平整度、埋件位置是否符合图纸要求（图 4.2.2）。

2. 吊具连接

外挂墙板质量检查合格后，应将外挂墙板构件通过吊具与吊装设备连接。吊具连接应满足"吊索与水平方向的夹角不宜小于 60°，不应小于 45°"的要求。如吊索长度不合适，则应更换（图 4.2.3）。

图 4.2.2　外挂墙板质量检查

图 4.2.3　吊具连接

外挂墙板吊装常根据墙板长度不同选择单点起吊或两点起吊。由于预制构件吊装实操作业多采用缩尺构件，故常采用单点起吊。单点起吊应保证起吊点居于预制构件正中，保证吊装时构件平稳、不倾斜。

3. 外挂墙板试吊

外挂墙板构件吊装前，应先对构件进行试吊。所谓试吊，是指将外挂墙板吊升起至离开地面约 300mm 后停滞，检查其与吊装设备的连接是否牢固，起吊状态是否安全，确认无误后方可继续起升（图 4.2.4）。

4. 外挂墙板吊运

外挂墙板试吊无误后，将构件提升并吊运至安装位置。构件吊运过程中应缓起、匀升、慢落，且需有专人指挥，多人配合操作（图 4.2.5）。

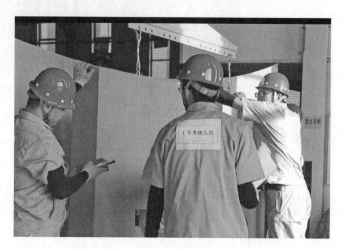

图 4.2.4　外挂墙板试吊　　　　　　　图 4.2.5　外挂墙板吊运

5. 外挂墙板安装对位

外挂墙板吊运到安装位置后，应对其进行安装对位。构件安装对位时，需将外挂墙板下方的连接凹槽（也称外挂墙板下连接件）与外挂墙板安放架对应的挑耳式连接件（也称安放架底部螺栓）对准，同时保证外挂墙板上表面与安放架上表面对齐（图 4.2.6）。

6. 外挂墙板初固定

外挂墙板安装对位后，将外挂墙板上连接件放置于外挂墙板和安放架的顶部，并用配套的螺栓将上连接件与墙板和架体初步连接，使构件处在连接稳定且可微调的状态（图 4.2.7）。

图 4.2.6　外挂墙板安装对位　　　　　图 4.2.7　外挂墙板初固定

7. 外挂墙板调整

外挂墙板初固定后，检查并调整外挂墙板的位置、垂直度和标高等。用钢卷尺测量校核外挂墙板位置是否正确；可将线坠自由垂下，用钢直尺测量棉线与墙体表面的间距，通过比较沿高度方向多次测量的差值，确定墙板的垂直度（图 4.2.8）。将水准尺平放在外挂墙板与安放架的顶部，观察水准尺气泡位置，判断两者的顶部是否存在高差。如有高差，则通过手动旋拧外挂墙板安放架下部挑耳式连接件上的螺母，调整墙板标高，直至将墙板顶部标高与安放架顶部标高调至同一高度（图 4.2.9）。外挂墙板安装尺寸的允许偏差见表 4.2.3，实操时可根据实际情况对允许偏差限值适当放宽。

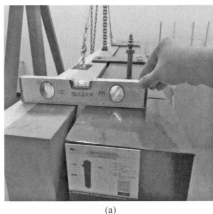

(a)　(b)

图 4.2.8　外挂墙板垂直
度调整

图 4.2.9　外挂墙板标高调整

（a）通过水准尺判断构件顶部标高；（b）调整墙板标高

外挂墙板安装尺寸的允许偏差及检验方法　　　　　　　　　　表 4.2.3

项目			允许偏差（mm）	检验方法
中心线对轴线位置			3.0	尺量
标高			±3.0	水准仪或尺量
垂直度	每层	≤3m	3.0	全站仪或经纬仪（实操时可酌情简化）
		>3m	5.0	
	全高	≤10m	5.0	
		>10m	10.0	
相邻单元板平整度			2.0	钢尺、塞尺
板接缝	宽度		±3.0	尺量
	中心线位置			
门窗洞口尺寸			±5.0	尺量
上下层门窗洞口偏移			±3.0	垂线和尺量

8. 外挂墙板终固定

外挂墙板的位置、垂直度和标高等调整完毕后，拧紧上连接件螺栓，对外挂墙板进行终固定，保证外挂墙板的安装稳定性符合要求（图 4.2.10）。

图 4.2.10 外挂墙板终固定

9. 摘除吊钩，吊装设备复位

外挂墙板终固定后，即可将连接外挂墙板与吊装设备的吊钩摘除，然后将起吊装设备复位。

10. 外挂墙板吊装质量检验

外挂墙板安装完毕后，应由实操人员或考评人员对外挂墙板安装质量进行检验，并根据检验结果填写"构件安装-外墙挂板吊装质量检查表"（表 4.2.4），由质量负责人和质检员分别在"构件安装-外墙挂板吊装质量检查表"上签字确认。"构件安装-外墙挂板吊装质量检查表"可参照表 4.2.5 填写。

构件安装-外墙挂板吊装质量检查表   表 4.2.4

构件名称				施工日期		
序号	检查项目		允许偏差 （mm）	设计值 （mm）	实测值 （mm）	判定
1	安装连接		螺栓连接牢固			
2	安装位置		(8,0)			
3	垂直度	≤6m	5			
		>6m	10			

检验结果：

质量负责人：   质检员：

"构件安装-外墙挂板吊装质量检查表"填写示例   表 4.2.5

构件名称	YWGB			施工日期	2021-11-17	
序号	检查项目		允许偏差 （mm）	设计值 （mm）	实测值 （mm）	判定
1	安装连接		螺栓连接牢固	牢固	牢固	合格
2	安装位置		(8,0)	0	3	合格
3	垂直度	≤6m	5	0	4	合格
		>6m	10			

检验结果：

合格

质量负责人：丁×   质检员：李×

4.2.3　剪力墙板吊装

1. 剪力墙板质量检查

剪力墙板吊装前，对剪力墙板的外观、尺寸、平整度、埋件位置及数量等进行检查，其方法与外挂墙板质量检查类似。

2. 连接钢筋处理

连接钢筋处理

对结合面预留连接钢筋的处理，是上层剪力墙板安装的一项重要的隐蔽工程。连接钢筋的处理主要包括预留钢筋除锈、钢筋预留长度校核和钢筋垂直度检查。

用钢丝刷对预留连接钢筋逐根进行处理，除去钢筋表面锈蚀（图 4.2.11）。用钢卷尺或钢直尺检查预留钢筋伸出长度是否符合 "$8d+20\text{mm}$" 的要求（d 为预留钢筋直径）。如果过长，则需用角磨机进行切割以使其符合要求。

检查预留钢筋垂直度是否符合规范要求。可将水平尺竖向靠在钢筋侧表面处，通过观察水平尺气泡位置，判断钢筋垂直度是否符合要求。依次检查预留钢筋两个相互垂直的侧表面，两次检查分别如图 4.2.12 中两个水平尺所示。如检查得出预留钢筋垂直度不符合要求，则需使用钢筋校正工具进行钢筋校正。

图 4.2.11　预留钢筋除锈

图 4.2.12　预留钢筋垂直度检查

3. 工作面处理

工作面也称结合面，是预制构件安装位置在下一层楼板顶部对应的投影面。预制构件安装前，需对工作面进行处理，其处理内容包括凿毛（图 4.2.13a）、清理（图 4.2.13b）和洒水湿润（图 4.2.13c）等。

4. 分仓判断

预制钢筋混凝土剪力墙板的竖向钢筋采用套筒灌浆连接时，上下相邻两层剪力墙板间的空隙通常采用连通腔的方式设置。连通腔是指一组灌浆套筒与安装就位后构件间空隙共同形成的一个封闭区域，除灌浆孔、出浆孔、排气孔外，应采用密封件或坐浆料封闭此灌浆区域。套筒灌浆作业时，灌入套筒内的灌浆料通过套筒底部的孔洞流入连通腔

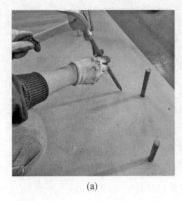  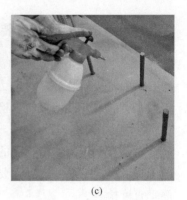

(a)　　　　　　　　　　(b)　　　　　　　　　　(c)

图 4.2.13　工作面处理

（a）凿毛；（b）清理；（c）洒水湿润

洒水湿润

内，凝结硬化后填充连通腔空间并实现上下剪力墙板混凝土的粘结。考虑灌浆施工的持续时间及可靠性，连通腔不宜过大，《钢筋套筒灌浆连接应用技术规程》JGJ 355—2015 规定，每个连通腔内任意两个灌浆套筒最大距离不宜超过 1.5m。工程中，习惯每个独立封闭的连通腔俗称一个"仓"。将上下相邻剪力墙板间的细长空隙按照规范要求进行分隔并分别密封的施工工艺，俗称"分仓"。

预制剪力墙板安装前，需要结合预制剪力墙板长度和预留钢筋位置，对预制剪力墙板与下层楼板间空隙的分仓方案进行判断，以上操作称作分仓判断。分仓判断的常用方法是用钢卷尺量取结合面内相邻最远的两个套筒之间的距离，如其距离大于 1.5m，则需进行分仓操作。对于长度过大的预制构件，需多次测量套筒间距离，判断需要分仓的数量。

弹控制线

5. 弹控制线

为了控制预制剪力墙板的安装位置，剪力墙板安装前，需使用墨斗、钢卷尺和铅笔等工具，在下层楼板上弹出剪力墙板位置的控制线（图 4.2.14）。一般来说，控制线弹绘在距墙板安装位置边缘 200～500mm 处。

6. 放置橡塑棉条

弹绘出剪力墙板控制线后，根据控制线位置，测量出剪力墙外墙板保温层安装投影位置，在保温层安装投影位置处，放置橡塑棉条。橡塑棉条应与上下剪力墙板间的连通腔相同高度，与剪力墙外墙板保温层相同厚度，并且橡塑棉条放置长度与剪力墙外墙板保温层长度一致。放置橡塑棉条一方面可以起到闭合保温层避免出现冷桥的作用，另一方面可以保证连通腔密封良好，灌浆时不会漏浆（图 4.2.15）。

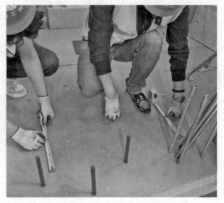

图 4.2.14　弹控制线

放置垫块

7. 放置垫块

为了准确控制灌浆腔留设的高度，在剪力墙板安装前，需要在预制剪力墙安装结合面处放置与灌浆腔相同高度（20mm）的垫块。垫块数量根据预制墙板长度确定，但不得少于 2 个，最外侧垫块距离构件边缘的水平投影距离不应小于 40mm，且垫块应尽可能远离钢筋放置（图 4.2.16）。

8. 标高找平

垫块主要起到标高找平作用，因此需用水准仪和水准尺对垫块标高进行测量，确保构件安装高度正确。如垫块高度有误，则需对垫块进行更换或调整（图 4.2.17）。

9. 剪力墙吊装

完成以上工作后，即可对剪力墙进行吊装。剪力墙板吊装与外挂墙板吊装类似，需要进行吊具连接、试吊后，再在专人指挥多人配合下，保持缓起、匀升、慢落，将剪力墙板吊至安装位置。剪力墙板吊至安装作业区域后，安装工在作业区域对剪力墙板进行

图 4.2.15 放置橡塑棉条

人工辅助牵引，使其移动到安装位置正上方，并在结合面预留连接钢筋旁放置镜子，通过镜子观察剪力墙板下方套筒孔洞与结合面预留钢筋的相对位置，通过微调剪力墙板位置，使剪力墙板套筒孔洞和结合面预留钢筋上下对齐，保证预留连接钢筋均能插入套筒内，然后将剪力墙板落下（图 4.2.18）。

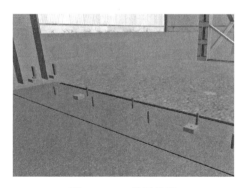

图 4.2.16 放置垫块

图 4.2.17 标高找平

10. 剪力墙临时固定

剪力墙板吊装完成后，需及时用斜支撑工具，将剪力墙板与下层楼板临时固定。预制剪力墙板和下层楼板上表面均有用来与斜支撑杆件连接的螺栓孔，可用斜支撑配套螺栓使其可靠连接，但应保证能够对剪力墙板的位置进行微调。剪力墙板的斜支撑支设数量根据墙体长度确定，但一般不得少于两道（图 4.2.19）。

剪力墙板吊装

图 4.2.18　墙板安装对位

图 4.2.19　墙板斜支撑

11. 剪力墙调整

剪力墙板临时固定后，需要对剪力墙板的位置和垂直度进行检查和调整。使用钢卷尺测量剪力墙板表面到墙板控制线的距离，使用线坠和钢直尺（或水平尺）检查剪力墙板的垂直度。如不符合要求则需进行调整，直至满足表 4.2.6 的要求。实操考核时，可根据实际情况对构件安装质量要求适当调整和放宽。

预制构件安装尺寸的允许偏差及检验方法　　　　表 4.2.6

项目		允许偏差（mm）	检验方法
构件中心线 对轴线位置	基础	15	经纬仪及尺量
	竖向构件（柱、墙、桁架）	8	
	水平构件（梁、板）	5	
构件标高	梁、柱、墙、板底面或顶面	±5	水准仪或拉线、尺量
构件垂直度	柱、墙 ≤6m	5	经纬仪或吊线、尺量
	>6m	10	
构件倾斜度	梁、桁架	5	经纬仪或吊线、尺量
相邻构件 平整度	板端面	5	2m 靠尺和塞尺量测
	梁、板底面 外露	3	
	不外露	5	
	柱墙侧面 外露	5	
	不外露	8	
构件搁置长度	梁、板	±10	尺量
支座、支垫 中心位置	板、梁、柱、墙、桁架	10	尺量
墙板接缝	宽度	±5	尺量

12. 剪力墙终固定

剪力墙调整至满足安装要求后，将斜支撑配套螺栓拧紧，使剪力墙板与下层楼板通过斜支撑牢固连接。

13. 摘除吊钩、吊装机具复位

剪力墙板终固定后，将吊装设备上的吊钩摘除，并将吊装设备复位。

14. 剪力墙吊装质量检验

吊装调整
与摘钩

剪力墙板安装完成后，应由实操人员或考评人员进行安装质量检验，并根据检验结果填写"构件安装-剪力墙吊装质量检查表"（表4.2.7），由质量负责人和质检员在"构件安装-剪力墙吊装质量检查表"上签字确认。"构件安装-剪力墙吊装质量检查表"可参照表4.2.8填写。

构件安装-剪力墙吊装质量检查表 表 4.2.7

构件名称				施工日期		
序号	检查项目		允许偏差(mm)	设计值(mm)	实测值(mm)	判定
1	安装连接		螺栓连接牢固			
2	安装位置		(8,0)			
3	垂直度	≤6m	5			
		>6m	10			

检验结果：

质量负责人： 质检员：

"构件安装-剪力墙吊装质量检查表"填写示例 表 4.2.8

构件名称		WYQ1		施工日期		2021-11-17
序号	检查项目		允许偏差(mm)	设计值(mm)	实测值(mm)	判定
1	安装连接		螺栓连接牢固	牢固	牢固	合格
2	安装位置		(8,0)	0	6	合格
3	垂直度	≤6m	5	0	3	合格
		>6m	10			

检验结果：

合格

质量负责人：王× 质检员：李×

4.2.4 后浇段连接

1. 连接钢筋处理、工作面处理

剪力墙板后浇段连接施工前，应对工作面以及工作面处预留的连接钢筋进行处理，具体做法同"4.2.3 剪力墙板吊装"中的"2. 连接钢筋处理"和"3. 工作面处理"的做法。

由于后浇段的预留连接钢筋需要通过直螺纹机械连接的方式与上部竖向钢筋连接，因此在完成连接钢筋处理工作后，需要将直螺纹钢筋套筒与预留的连接钢筋通过丝扣连接牢固（图 4.2.20）。

2. 铺设橡塑棉条

为了保证后浇段两侧剪力墙板的保温层连续，避免剪力墙板连接处出现冷桥，需要在后浇段两侧剪力墙板保温层间缝隙处铺设竖向的橡塑棉条。橡塑棉条的厚度应与预制剪力墙板保温层的厚度相同，并且铺设应严密（图 4.2.21）。

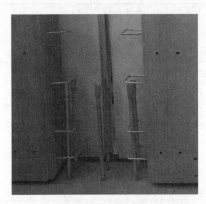

橡塑棉条

图 4.2.20 直螺纹钢筋套筒与预留钢筋连接　　图 4.2.21 铺设橡塑棉条

3. 弹控制线

为了保证剪力墙板后浇段施工的位置准确，需要在后浇段施工前，弹绘墙板位置控制线，其做法同"4.2.3 剪力墙板吊装"中的"5. 弹控制线"做法。后浇段弹绘出的控制线应与两侧预制剪力墙板的安装控制线在同一直线上。

4. 钢筋连接

后浇段
钢筋连接

完成以上工作后，即可进行剪力墙板后浇段的钢筋连接作业。按照图纸要求，摆放并绑扎钢筋。应先摆放水平钢筋，再连接竖向钢筋。钢筋间距允许偏差 10mm。有条件时，可在竖向钢筋上以 500mm 为间隔安设混凝土保护层卡子。钢筋摆放完成并检查无误后，用扎钩和扎丝将钢筋绑扎固定。

5. 钢筋隐蔽工程验收

钢筋摆放并绑扎完毕后，应对钢筋工程进行隐蔽工程验收。根据图纸，依次对水平钢筋和竖向钢筋的间距进行测量，观察是否符合要求并做记录。钢筋实际摆放间距与图纸要求的钢筋间距的误差应控制在 10mm 以内。

6. 铺设防漏棉条

为了保证后浇段内模板与预制墙体连接紧密，在安装模板前，在后浇段两侧的预制墙板边缘处，铺设与墙等高的竖向防漏棉条，避免混凝土浇筑时由于侧压力过大而导致漏浆（图 4.2.22）。

7. 模板安装

首先进行模板选型，选择与后浇段形状和尺寸匹配的模板，并观察模板外观，判断该模板是否有变形或破损现象，如有则应及时更换。

模板选型完毕后，用滚刷在模板表面上均匀涂刷隔离剂。然后将模板安装到后浇段内侧边缘处，再在模板背后依次安装背楞和对拉螺栓。注意安装时务必保证模板、背楞上的螺栓孔与预制剪力墙板上的螺栓孔位置对应，安装对拉螺栓时先将模板与预制墙板间初固定，待对模板的位置进行检查与校正无误后，再将螺栓拧紧，完成终固定（图 4.2.23）。

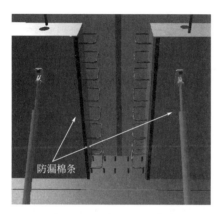
防漏棉条

图 4.2.22　铺设防漏棉条　　　　　图 4.2.23　模板安装

8. 后浇段连接质量检验

后浇段连接实操完成后，应由实操人员或考评员对连接质量进行检查，并根据检查结果填写"构件安装-后浇段连接质量检查表"（表 4.2.9），由质量负责人和质检员分别在"构件安装-后浇段连接质量检查表"上签字确认。"构件安装-后浇段连接质量检查表"可参照表 4.2.10 填写。

构件安装-后浇段连接质量检查表　　　　　表 4.2.9

施工部位名称		施工日期			
序号	检查项目	允许偏差(mm)	设计值(mm)	实测值(mm)	判定
1	钢筋间距	(10mm,0)			
2	钢筋绑扎	牢固，无松动			
3	垫块布置间距 500mm	(10mm,0)			
4	模板安装	牢固，无松动			
5	模板位置	(10mm,0)			

检验结果：

质量负责人：　　　　　　　　　　　　　　　　　　　质检员：

"构件安装-后浇段连接质量检查表"填写示例　　　　　　表 4.2.10

施工部位名称			后浇段	施工日期		2021-11-17	
序号	检查项目		允许偏差(mm)	设计值(mm)		实测值(mm)	判定
1	钢筋间距		(10mm,0)	200		206	合格
2	钢筋绑扎		牢固,无松动	牢固,无松动		牢固,无松动	合格
3	垫块布置间距 500mm		(10mm,0)	500		497	合格
4	模板安装		牢固,无松动	牢固,无松动		牢固,无松动	合格
5	模板位置		(10mm,0)	0		3	合格

检验结果：

合格

质量负责人：张×　　　　　　　　　　　　　　　　　　　　　　质检员：李×

4.2.5　工完料清

依据先装后拆的原则，依次将各工具、构件拆除，经清理后收纳至原位置，吊装设备复位，并对场地进行清扫。

任务 4.3　考核标准

钢筋混凝土预制构件安装的实操工作，建议由 4 位实操人员作为一个团队共同完成。根据实操团队成员数量，将整体操作流程分成 4 个环节，每位实操人员在某一操作环节中担任主导角色，并在其余 3 位实操环节中担任主操环节。主导角色为本考核项的主要工艺指导和施工组织人员，通过有序组织安排，保证本项操作的质量、效率和安全；主操角色为本考核项的主要操作人员，接受"主导角色"安排，通过标准工艺操作配合队员完成本项操作任务。实操某一构件安装环节时，该环节主导角色需要组织、指挥整体团队完成该环节既定任务，并对该环节操作质量负总责；该环节主操角色接受主导人员指挥，完成主导人员指令，配合主导人员完成该环节既定任务。

本教材参考"1+X 装配式建筑构件制作与安装职业技能等级证书"实操考试的考核标准，制定了如表 4.3.1～表 4.3.4 所示考核标准，使用者可根据实际情况对该标准进行适当调整。

"构件安装-1 号考核人员"实操考核评定表　　　　　　表 4.3.1

一、主导考核项(70 分)			
序号	考核项	考核内容(工艺流程＋质量控制＋组织能力＋施工安全)	评分标准
1	施工前准备工艺流程(6 分)	劳保用品准备	佩戴安全帽(1 分)	(1)内衬圆周大小调节到头部稍有约束感为宜。(2)系好下颚带,下颚带应紧贴下颚,松紧以下颚有约束感,但不难受为宜。均满足以上要求可得满分,否则得 0 分
			穿戴劳保工装、防护手套(1 分)	(1)劳保工装做到"统一、整齐、整洁",并做到"三紧",即领口紧、袖口紧、下摆紧,严禁卷袖口、卷裤腿等现象。(2)必须正确佩戴手套,方可进行实操考核。均满足以上要求可得满分,否则得 0 分
		设备检查	检查施工设备(如:吊装机具、吊具等)(1 分)	发布"设备检查"指令,指挥主操人员操作开关(如有)或手动检查吊装机具是否正常运转,吊具是否正常使用。满足以上要求可得满分,否则不得分
		领取工具	领取构件安装所有工具(1 分)	发布"领取工具"指令,指挥主操人员领取工具,放置指定位置,摆放整齐。满足以上要求可得满分,否则不得分
		领取材料	领取构件安装所有材料(1 分)	发布"领取材料"指令,指挥主操人员领取全部材料(如:钢筋、模板、辅材),放置指定位置,摆放整齐。满足以上要求可得满分,否则不得分
		卫生检查及清理	施工场地卫生检查及清扫(1 分)	发布"卫生检查及清理"指令,指挥主操人员使用工具(扫把),规范清理场地。满足以上要求可得满分,否则不得分
2	外墙挂板吊装工艺流程(29 分)	外墙挂板质量检查	依据图纸进行外墙挂板质量检查(3 分)	发布"外墙挂板质量检查"指令,指挥主操人员正确使用工具(钢卷尺、靠尺、塞尺),检查外墙挂板尺寸、外观、平整度、埋件位置及数量等是否符合图纸要求。满足以上要求可得满分,否则不得分
		外墙挂板吊装	吊具连接(2 分)	发布"吊具连接"指令,指挥主操人员选择吊孔,满足吊链与水平夹角不宜小于 60°。满足以上要求可得满分,否则不得分
			外墙挂板试吊(2 分)	发布"外墙挂板试吊"指令,指挥主操人员正确操作吊装设备起吊构件至距离地面约 300mm,停滞,观察吊具是否安全。满足以上要求可得满分,否则不得分
			外墙挂板吊运(2 分)	发布"外墙挂板吊运"指令,指挥主操人员正确操作吊装设备吊运构件,缓起、匀升、慢落。满足以上要求可得满分,否则不得分
			外墙挂板安装对位(3 分)	发布"外墙挂板安装对位"指令,指挥主操人员正确操作设备吊装下落,底部螺杆对准备下连接件。满足以上要求可得满分,否则不得分
			外墙挂板初固定(3 分)	发布"外墙挂板初固定"指令,指挥主操人员正确使用工具(扳手)和材料(上连接件、螺栓)临时固定外墙挂板上部连接件和下部连接件。满足以上要求可得满分,否则不得分

一、主导考核项(70分)			
序号	考核项	考核内容(工艺流程＋质量控制＋组织能力＋施工安全)	评分标准
2	外墙挂板吊装工艺流程(29分)	外墙挂板调整 / 外墙挂板位置测量及调整(3分)	发布"外墙挂板位置测量及调整"指令,指挥主操人员正确使用工具(钢卷尺、撬棍)调整位置。满足以上要求可得满分,否则不得分
		外墙挂板垂直度测量及调整(3分)	发布"外墙挂板垂直度测量及调整"指令,指挥主操人员正确使用工具[线坠、钢卷尺(或带刻度靠尺)]检测垂直进行调整。满足以上要求可得满分,否则不得分
		外墙挂板标高测量及调整(3分)	发布"外墙挂板标高测量及调整"指令,指挥主操人员正确使用工具(靠尺、扳手)检查挂板顶与钢梁同一水平面。满足以上要求可得满分,否则不得分
		外墙挂板终固定(3分)	发布"外墙挂板终固定"指令,指挥主操人员正确使用工具(扳手)终拧上部连接件和下部连接件螺栓。满足以上要求可得满分,否则不得分
		摘除吊钩(2分)	发布"摘除吊钩"指令,指挥主操人员依次摘除吊钩。满足以上要求可得满分,否则不得分
3	质量控制(20分)	工具选择 / 工具选择合理、数量准确(3分)	此部分由考评员评定
		卫生质量 / 场地干净清洁(3分)	
		外墙挂板吊装质量 / 外墙挂板安装连接(螺栓牢固)(4分)	1号考核人员操作完毕后由4号考核人员主导"外墙挂板吊装质量检查"(也可最后统一检查),根据测量数据判断是否符合标准,在误差范围之内得满分,否则不得分
		外墙挂板安装位置误差范围(8mm,0)(5分)	
		外墙挂板垂直度误差范围(5mm,0)(5分)	
4	组织协调(15分)	指令明确(5分)	指令明确,口齿清晰,无明显错误得满分,否则不得分
		分工合理(5分)	分工合理,无窝工或分工不均情况得满分,否则不得分
		纠正错误操作(5分)	及时纠正主操人员错误操作,并给出正确指导得满分,否则不得分
5	安全施工	施工过程中严格按照安全文明生产规定操作,无恶意损坏工具、原材料且无因操作失误造成考试干系人伤害等行为	出现严重损坏设备、伤人事件,判定对应操作人和主导人不合格
			出现墙板碰撞、手放置墙底等一般危险行为,出现一项则对对应人扣10分。主导人制止则不扣分,未提前干预或制止则对主导人扣10分,上不封顶

二、主操考核项(30分)			
序号	考核项	考核内容 (团队协作＋工艺实操)	评分标准
1	剪力墙板吊装(10分)	按照主导人指令完成工艺操作	(1)服从指挥,配合其他人员得5分。(2)能正确使用工具和材料,按照主导人指令完成工艺操作得5分。满分10分,全部符合得10分,一项符合得5分,都不符合不得分
2	后浇段连接(10分)		
3	质量检验与工完料清(10分)		

"构件安装-2 号考核人员"实操考核评定表　　　　　表 4.3.2

一、主导考核项(70分)			
序号	考核项	考核内容(工艺流程＋质量控制＋ 组织能力＋施工安全)	评分标准
1	剪力墙板吊装工艺流程(35分)	剪力墙质量检查	依据图纸进行剪力墙质量检查(尺寸、外观、平整度、埋件位置及数量等) (2分)
			发布"×号剪力墙质量检查"指令,指挥主操人员正确使用工具(钢卷尺、靠尺、塞尺),检查构件尺寸、外观、平整度、埋件位置及数量等是否符合图纸要求。满足以上要求可得满分,否则不得分
		连接钢筋处理	连接钢筋除锈 (1分)
			发布"连接钢筋除锈"指令,指挥主操人员正确使用工具(钢丝刷),对生锈钢筋处理,若没有生锈钢筋,则说明钢筋无需除锈。满足以上要求可得满分,否则不得分
			钢筋长度检查及校正 (2分)
			发布"钢筋长度检查及校正"指令,指挥主操人员正确使用工具(钢卷尺、角磨机),对每个钢筋进行测量,对不符合要求钢筋指出,并用角磨机切割。满足以上要求可得满分,否则不得分
			钢筋垂直度检查及校正 (2分)
			发布"钢筋垂直度检查"指令,指挥主操人员正确使用工具(靠尺、钢管),对每个钢筋进行两个方向(90°夹角)测量,指出不符合要求钢筋,并用钢管校正。满足以上要求可得满分,否则不得分
		工作面处理	凿毛处理 (1分)
			发布"凿毛处理"指令,指挥主操人员正确使用工具(铁锤、錾子),对定位线内工作面进行粗糙面处理。满足以上要求可得满分,否则不得分
			工作面清理 (1分)
			发布"工作面清理"指令,指挥主操人员正确使用工具(扫把),对工作面进行清理。满足以上要求可得满分,否则不得分
			洒水湿润 (1分)
			发布"洒水湿润"指令,指挥主操人员正确使用工具(喷壶),对工作面进行洒水湿润处理。满足以上要求可得满分,否则不得分

一、主导考核项(70分)			
序号	考核项	考核内容(工艺流程＋质量控制＋组织能力＋施工安全)	评分标准
1	剪力墙板吊装工艺流程(35分)	分仓判断(2分)	发布"分仓判断"指令,根据图纸给出信息计算,当最远套筒距离是否≤1.5m则不需分仓,否则需要分仓。满足以上要求可得满分,否则不得分
		弹控制线(2分)	发布"弹控制线"指令,指挥主操人员正确使用工具(钢卷尺、墨盒、铅笔),根据已有轴线或定位线引出200～500mm控制线。满足以上要求可得满分,否则不得分
		放置橡塑棉条(1分)	发布"放置橡塑棉条"指令,指挥主操人员正确使用材料(橡塑棉条),根据定位线或图纸放置橡塑棉条至保温板位置。满足以上要求可得满分,否则不得分
		放置垫块(1分)	发布"放置垫块"指令,指挥主操人员正确使用材料(垫块),在墙两端距离边缘4cm以上,远离钢筋位置处放置2cm高垫块。满足以上要求可得满分,否则不得分
		标高找平(2分)	发布"标高找平"指令,指挥主操人员正确使用工具(水准仪、水准尺),先后视假设标高控制点,再将水准尺分别放置垫块顶,若垫块标高符合要求则不需调整,若垫块不在误差范围内,则需换不同规格垫块。满足以上要求可得满分,否则不得分(建议考生有测量过程即可得分)
		剪力墙吊装 —— 吊具连接(1分)	发布"吊具连接"指令,指挥主操人员选择吊孔,满足吊链与水平夹角不宜小于60°。满足以上要求可得满分,否则不得分
		剪力墙吊装 —— 剪力墙试吊(2分)	发布"构件试吊"指令,指挥主操人员正确操作吊装设备起吊构件至距离地面约300mm,停滞,观察吊具是否安全。满足以上要求可得满分,否则不得分
		剪力墙吊装 —— 剪力墙吊运(2分)	发布"剪力墙吊运"指令,指挥主操人员正确操作吊装设备吊运剪力墙,缓起、匀升、慢落。满足以上要求可得满分,否则不得分
		剪力墙吊装 —— 剪力墙安装对位(2分)	发布"剪力墙安装对位"指令,指挥主操人员正确操作吊装设备,正确使用工具(2面镜子),将镜子放置墙体两端钢筋相邻处,观察套筒与钢筋位置关系,边调整剪力墙位置边下落。满足以上要求可得满分,否则不得分
		剪力墙临时固定(2分)	发布"剪力墙临时固定"指令,指挥主操人员正确使用工具(斜支撑、扳手、螺栓),临时固定墙板。满足以上要求可得满分,否则不得分
		剪力墙调整 —— 剪力墙位置测量及调整(2分)	发布"剪力墙测量及调整"指令,指挥主操人员正确使用工具(钢卷尺,撬棍),先进行剪力墙位置测量是否符合要求,如误差＞1cm,则用撬棍进行调整。满足以上要求可得满分,否则不得分
		剪力墙调整 —— 剪力墙垂直度测量及调整(2分)	发布"剪力墙垂直度测量及调整"指令,指挥主操人员正确使用工具[钢卷尺、线坠(或有刻度靠尺)],检查是否符合要求,如误差＞1cm则调整斜支撑进行校正。满足以上要求可得满分,否则不得分

		一、主导考核项(70分)	
序号	考核项	考核内容(工艺流程＋质量控制＋组织能力＋施工安全)	评分标准
1	剪力墙板吊装工艺流程(35分)	剪力墙终固定(1分)	发布"剪力墙终固定"指令,指挥主操人员正确使用工具(扳手)进行终固定。满足以上要求可得满分,否则不得分
		摘除吊钩(1分)	发布"摘除吊钩"指令,指挥主操人员摘除吊钩。满足以上要求可得满分,否则不得分
2	质量控制(20分)	剪力墙安装连接牢固程度(6分)	2号考核人员操作完毕后由4号考核人员主导"剪力墙吊装质量检查",根据测量数据判断是否符合标准,在误差范围之内得满分,否则不得分
		剪力墙安装位置误差范围(8mm,0)(7分)	
		剪力墙垂直度(5mm,0)(7分)	
3	组织协调(15分)	指令明确(5分)	指令明确,口齿清晰,无明显错误得满分,否则不得分
		分工合理(5分)	分工合理,无窝工或分工不均情况得满分,否则不得分
		纠正错误操作(5分)	及时纠正主操人员错误操作,并给出正确指导得满分,否则不得分
4	安全施工	施工过程中严格按照安全文明生产规定操作,无恶意损坏工具、原材料且无因操作失误造成考试干系人伤害等行为	出现严重损坏设备、伤人事件,判定对应操作人和主导人不合格
			出现墙板碰撞、手放置墙底等一般危险行为,出现一项则对对应人扣10分。主导人制止则不扣分,未提前干预或制止则对主导人扣10分,上不封顶

		二、主操考核项(30分)	
序号	考核项	考核内容(团队协作＋工艺实操)	评分标准
1	施工前准备与外墙挂板吊装(10分)	按照主导人指令完成工艺操作	(1)服从指挥,配合其他人员得5分。(2)能正确使用工具和材料,按照主导人指令完成工艺操作得5分。满分10分,全部符合得10分,一项符合得5分,都不符合不得分
2	后浇段连接(10分)		
3	质量检验与工完料清(10分)		

"构件安装-3号考核人员"实操考核评定表　　　　表 4.3.3

		一、主导考核项(70分)		
序号	考核项	考核内容(工艺流程＋质量控制＋组织能力＋施工安全)		评分标准
1	后浇段连接(35分)	连接钢筋处理	连接钢筋除锈(1分)	发布"连接钢筋除锈"指令,指挥主操人员正确使用工具(钢丝刷),对生锈钢筋处理,若没有生锈钢筋,则说明钢筋无需除锈。满足以上要求可得满分,否则不得分

一、主导考核项(70分)			
序号	考核项	考核内容(工艺流程＋质量控制＋组织能力＋施工安全)	评分标准
1	后浇段连接(35分)	连接钢筋处理 · 钢筋长度检查及校正(2分)	发布"钢筋长度检查及校正"指令,指挥主操人员正确使用工具(钢卷尺、角磨机),对每个钢筋进行测量,指出不符合要求钢筋,并用角磨机切割。满足以上要求可得满分,否则不得分
		钢筋垂直度检查及校正(2分)	发布"钢筋垂直度检查"指令,指挥主操人员正确使用工具(靠尺、钢管),对每个钢筋进行两个方向(90°夹角)测量,指出不符合要求钢筋,并用钢管校正。满足以上要求可得满分,否则不得分
		工作面处理 · 凿毛处理(1分)	发布"凿毛处理"指令,指挥主操人员正确使用工具(铁锤、錾子),对定位线内工作面进行粗糙面处理。满足以上要求可得满分,否则不得分
		工作面清理(1分)	发布"工作面清理"指令,指挥主操人员正确使用工具(扫把),对工作面进行清理。满足以上要求可得满分,否则不得分
		洒水湿润(1分)	发布"洒水湿润"指令,指挥主操人员正确使用工具(喷壶),对水平工作面和竖向工作面进行洒水湿润处理。满足以上要求可得满分,否则不得分
		接缝保温防水处理(2分)	发布"接缝保温防水处理"指令,指挥主操人员正确使用材料(橡塑棉条),根据图纸沿板缝填充橡塑棉条。满足以上要求可得满分,否则不得分
		弹控制线(3分)	发布"弹控制线"指令,指挥主操人员正确使用工具(钢卷尺、墨盒、铅笔),根据已有轴线或定位线引出 200~500mm 控制线。满足以上要求可得满分,否则不得分
		钢筋连接 · 摆放水平钢筋(2分)	发布"摆放水平钢筋"指令,指挥主操人员根据图纸将水平钢筋摆放指定位置,并用工具(扎钩、镀锌钢丝)临时固定。满足以上要求可得满分,否则不得分
		竖向钢筋与底部连接钢筋连接(2分)	发布"竖向钢筋与底部连接钢筋连接"指令,首先确定连接方式是搭接还是直螺纹连接,假设为直螺纹连接,指挥主操在人员依次安装竖向钢筋。满足以上要求可得满分,否则不得分
		钢筋绑扎(2分)	发布"钢筋绑扎"指令,指挥主操人员正确使用工具(扎钩)和材料(扎丝)依次绑扎钢筋连接处。满足以上要求可得满分,否则不得分(考虑时间问题,考评员可根据考生绑扎熟练程度指定绑扎几处)
		固定保护层垫块(2分)	发布"固定保护层垫块"指令,指挥主操人员正确使用工具(扎钩)和材料(扎丝、垫块)固定保护层垫块,一般垫块间距 500mm 左右。满足以上要求可得满分,否则不得分

一、主导考核项(70分)				
序号	考核项	考核内容(工艺流程＋质量控制＋组织能力＋施工安全)		评分标准
1	后浇段连接(35分)	模板安装	粘贴防侧漏、底漏胶条(2分)	发布"粘贴防侧漏、底漏胶条"指令,指挥主操人员正确使用材料(胶条)沿墙边竖直粘贴胶条,沿板顶模板位置粘贴胶条。满足以上要求可得满分,否则不得分
			模板选型(2分)	发布"模板选型"指令,指挥主操人员正确使用工具(钢卷尺)和肉眼观察选择合适模板。满足以上要求可得满分,否则不得分
			粉刷隔离剂(2分)	发布"粉刷隔离剂"指令,指挥主操人员正确使用工具(滚筒)和材料(隔离剂),均匀涂刷与混凝土接触面。满足以上要求可得满分,否则不得分
			模板初固定(2分)	发布"模板初固定"指令,指挥主操人员正确使用工具(扳手、螺栓、背楞),依次按照背楞并用扳手初固定。满足以上要求可得满分,否则不得分
			模板位置检查与校正(2分)	发布"模板位置检查"指令,指挥主操人员正确使用工具(钢卷尺、橡胶锤),检查模板安装位置是否符合要求,若误差超过1cm,则用橡胶锤进行位置调整。满足以上要求可得满分,否则不得分
			模板终固定(2分)	发布"模板终固定"指令,指挥主操人员正确使用工具(扳手),对螺栓进行终拧。满足以上要求可得满分,否则不得分
2	质量控制(20分)	钢筋连接质量	钢筋间距误差(10mm,0)(4分)	3号考核人员操作完毕后由4号考核人员主导"后浇段连接质量检查",根据测量数据判断是否符合标准,在误差范围之内得满分,否则不得分
			钢筋绑扎是否牢固(4分)	
			垫块布置间距500mm,误差范围(10mm,0)(4分)	
		模板质量	牢固程度(4分)	
			位置误差范围(10mm,0)(4分)	
3	组织协调(15分)		指令明确(5分)	指令明确,口齿清晰,无明显错误得满分,否则不得分
			分工合理(5分)	分工合理,无窝工或分工不均情况得满分,否则不得分
			纠正错误操作(5分)	及时纠正主操人员错误操作,并给出正确指导得满分,否则不得分

一、主导考核项(70分)			
序号	考核项	考核内容(工艺流程＋质量控制＋组织能力＋施工安全)	评分标准
4	安全施工	施工过程中严格按照安全文明生产规定操作,无恶意损坏工具、原材料且无因操作失误造成考试干系人伤害等行为	出现严重损坏设备、伤人事件,判定对应操作人和主导人不合格 出现墙板碰撞、手放置墙底等一般危险行为,出现一项则对对应人扣10分。主导人制止则不扣分,未提前干预或制止则对主导人扣10分,上不封顶

二、主操考核项(30分)			
序号	考核项	考核内容(团队协作＋工艺实操)	评分标准
1	施工前准备与外墙挂板吊装(10分)	按照主导人指令完成工艺操作	(1)服从指挥,配合其他人员得5分。(2)能正确使用工具和材料,按照主导人指令完成工艺操作得5分。满分10分,全部符合得10分,一项符合得5分,都不符合不得分
2	剪力墙板吊装(10分)		
3	质量检验与工完料清(10分)		

"构件安装-4号考核人员"实操考核评定表　　　　　　表4.3.4

一、主导考核项(70分)				
序号	考核项	考核内容(工艺流程＋质量控制＋组织能力＋施工安全)		评分标准
1	质量检验工艺流程(29分)	外墙挂板吊装质量检验	连接牢固程度检验(1分)	发布"外墙挂板连接牢固程度检验"指令,指挥主操人员手动检验外墙挂板连接是否牢固,并做记录。满足以上要求可得满分,否则不得分(考评员需监督查看)
			安装位置检验(2分)	发布"外墙挂板安装位置检验"指令,指挥主操人员正确使用工具(钢卷尺)检查安装位置是否符合要求,并做记录。满足以上要求可得满分,否则不得分(考评员需监督查看)
			垂直度检验(2分)	发布"外墙挂板垂直度测量及调整"指令,指挥主操人员正确使用工具[线坠、钢卷尺(或带刻度靠尺)]检测垂直度是否符合要求,并做记录。满足以上要求可得满分,否则不得分(考评员需监督查看)
			外墙挂板吊装质量检验表填写(3分)	根据以上实际测量数据,规范填写"外墙挂板吊装质量检验表"。发布以上指令得满分,否则不得分
		剪力墙吊装质量检验	连接牢固程度检验(1分)	发布"剪力墙连接牢固程度检验"指令,指挥主操人员手动检验剪力墙连接是否牢固,并做记录。满足以上要求可得满分,否则不得分(考评员需监督查看)

		一、主导考核项(70分)	
序号	考核项	考核内容(工艺流程＋质量控制＋组织能力＋施工安全)	评分标准
1	质量检验工艺流程 (29分)	剪力墙吊装质量检验 — 安装位置检验 (2分)	发布"剪力墙安装位置检验"指令,指挥主操人员正确使用工具(钢卷尺)检验安装位置是否符合要求,并做记录。满足以上要求可得满分,否则不得分(考评员需监督查看)
		剪力墙吊装质量检验 — 垂直度检验 (2分)	发布"剪力墙垂直度测量及调整"指令,指挥主操人员正确使用工具[线坠、钢卷尺(或带刻度靠尺)]检测垂直度是否符合要求,并做记录。满足以上要求可得满分,否则不得分(考评员需监督查看)
		剪力墙吊装质量检验表填写 (3分)	根据以上实际测量数据,规范填写"剪力墙吊装质量检验表"。发布以上指令得满分,否则不得分
		后浇段连接质量检验 — 钢筋间距检验 (2分)	发布"钢筋间距检验"指令,指挥主操人员正确使用工具(钢卷尺)检验钢筋间距,根据图纸检查是否符合要求,并做记录。满足以上要求可得满分,否则不得分(考评员需监督查看)
		后浇段连接质量检验 — 钢筋牢固程度检验 (2分)	发布"钢筋牢固程度检验"指令,指挥主操人员手动检验钢筋是否牢固,并做记录。满足以上要求可得满分,否则不得分(考评员需监督查看)
		后浇段连接质量检验 — 垫块间距检验 (2分)	发布"垫块间距检验"指令,指挥主操人员正确使用工具(钢卷尺)检验间距是否符合要求,并做记录。满足以上要求可得满分,否则不得分(考评员需监督查看)
		后浇段连接质量检验 — 模板安装牢固程度检验 (2分)	发布"模板安装牢固程度检验"指令,指挥主操人员正确使用工具(橡胶锤)检验是否牢固,并做记录。满足以上要求可得满分,否则不得分(考评员需监督查看)
		后浇段连接质量检验 — 模板位置检验 (2分)	发布"模板位置检验"指令,指挥主操人员正确使用工具(钢卷尺)检验是否符合要求,并做记录。满足以上要求可得满分,否则不得分(考评员需监督查看)
		后浇段连接质量检验表填写 (3分)	根据以上实际测量数据,规范填写"后浇段连接质量检验表"。发布以上指令得满分,否则不得分
2	工完料清 (6分)	拆解复位考核设备 — 拆除并复位模板 (1分)	发布"拆除并复位模板"指令,指挥主操人员正确使用工具(扳手)依据先装后拆的原则拆除模板,并将模板放置原位。满足以上要求可得满分,否则不得分
		拆解复位考核设备 — 拆除并复位钢筋 (1分)	发布"拆除并复位钢筋"指令,指挥主操人员正确使用工具(钢丝钳)依据先装后拆的原则拆除钢筋,并将钢筋放置原位。满足以上要求可得满分,否则不得分
		拆解复位考核设备 — 拆除构件并放置存放架 (1分)	发布"拆除构件并放置存放架"指令,指挥主操人员正确使用吊装设备依据先装后拆的原则拆除构件,并将构件放置原位。满足以上要求可得满分,否则不得分

一、主导考核项（70分）			
序号	考核项	考核内容（工艺流程＋质量控制＋组织能力＋施工安全）	评分标准
2	工完料清（6分）	工具入库（1分）	发布"工具入库"指令，指挥主操人员清点工具，对需要保养工具（如工具污染、损坏）进行保养或交于工作人员处理。满足以上要求可得满分，否则不得分
		材料回收（1分）	回收可再利用材料，放置原位，分类明确，摆放整齐。满足以上要求得满分，否则不得分
		场地清理（1分）	发布"场地清理"指令，指挥主操人员正确使用工具（扫把）清理模台和地面，不得有垃圾（扎丝），清理完毕后归还清理工具。满足以上要求可得满分，否则不得分
3	质量控制（20分）	外墙挂板吊装质量检验表填写质量（3分）	填写数据规范完整，不得漏填、错填。满足以上要求得满分，否则不得分
		剪力墙吊装质量检验表填写质量（3分）	
		后浇段连接质量检验表填写质量（3分）	
		设备复位　构件复位（2分）	拆除设备需放置原位，分类明确，摆放整齐。满足以上要求得满分，否则不得分
		设备复位　钢筋、模板复位（2分）	
		设备复位　辅件复位（2分）	
		工具入库（2分）	归还工具放置原位，分类明确，摆放整齐。满足以上要求得满分，否则不得分
		材料回收（2分）	回收可再利用材料，放置原位，分类明确，摆放整齐。满足以上要求得满分，否则不得分
		场地清理（1分）	场地和模台清洁干净，无垃圾（扎丝）。满足以上要求得满分，否则不得分
4	组织协调（15分）	指令明确（5分）	指令明确，口齿清晰，无明显错误得满分，否则不得分
		分工合理（5分）	分工合理，无窝工或分工不均情况得满分，否则不得分
		纠正错误操作（5分）	及时纠正主操人员错误操作，并给出正确指导得满分，否则不得分
5	安全施工	施工过程中严格按照安全文明生产规定操作，无恶意损坏工具、原材料且无因操作失误造成考试干系人伤害等行为	出现严重损坏设备、伤人事件，判定对应操作人和主导人不合格
			出现墙板碰撞、手放置墙底等一般危险行为，出现一项则对对应人扣10分。主导人制止则不扣分，未提前干预或制止则对主导人扣10分，上不封顶

二、主操考核项(30分)			
序号	考核项	考核内容 (团队协作＋工艺实操)	评分标准
1	施工前准备与外墙挂板吊装 (10分)	按照主导人指令 完成工艺操作	(1)服从指挥,配合其他人员得5分。(2)能正确使用工具和材料,按照主导人指令完成工艺操作得5分。满分10分,全部符合得10分,一项符合得5分,都不符合不得分
2	剪力墙板吊装 (10分)		
3	后浇段连接 (10分)		

项目 5

预制构件灌浆

【教学目标】

1. 了解预制构件灌浆操作常用的设备，掌握其使用方法，并能正确使用。
2. 理解预制构件灌浆的操作工艺，并能实操完成预制构件灌浆工作。
3. 能够对预制构件灌浆成果进行验收和评价。
4. 能够对实操设备和场地进行及时清理，做到工完料清。

【思政目标】

1. 提升工匠精神，打造精益求精的工作作风。
2. 热爱祖国，民族自信，对我国自主研发的技术、工艺充满信心。
3. 深化职业道德，知礼明礼，公正守规。

装配式混凝土建筑中，竖向构件间钢筋对接连接主要采用钢筋套筒灌浆连接的方式。钢筋套筒灌浆连接是指在金属套筒中插入单根带肋钢筋并注入灌浆料拌合物，通过拌合物硬化形成整体并实现传力的钢筋对接连接，简称套筒灌浆连接。

套筒灌浆连接是装配式混凝土建筑构件安装中的一项重要工艺，需要操作人员具有较高的理论素养和较丰富的实践能力。因此，预制构件灌浆的实操能力是装配式建筑构件制作与安装培训与考核的重点项目之一。结合"1＋X 装配式建筑构件制作与安装职业技能等级证书"实操考试等权威考试的要求和流程设计，并考虑装配式建筑构件安装实操教学与考核工作的可行性和经济性，本教材给出如下实操建议。

任务 5.1　实操设备

灌浆工具
及材料

5.1.1　实操工具

1. 预制构件灌浆操作平台

预制构件灌浆操作平台（图 5.1.1）根据灌浆操作的对象不同，可分为预制剪力墙板灌浆实操平台（图 5.1.1a）和预制柱灌浆实操平台（图 5.1.1b）。预制构件灌浆操作平台由底座、灌浆构件和起吊设备组成，起吊设备与灌浆构件通过吊具连接，可以实现对灌浆构件的吊运作业。

(a)　　　　　　　　　　　　　(b)

图 5.1.1　预制构件灌浆操作平台

（a）预制剪力墙板灌浆实操平台；（b）预制柱灌浆实操平台

2. 温度计

温度计是用来测量实操环境温度的工具。由于建筑业对温度的测量不需要太高的精度，因此常见的家用温度计即可满足预制构件灌浆实操的要求。

3. 打气筒

打气筒是一种通过抽拉的方式，将空气吸入储藏部位，然后通过推进方式将被打气物注入或补充所需空气的工具。根据动力来源的不同，打气筒分为电动式和手动式两种。电动打气筒往往应用于对补充的空气压力要求较高的操作，预制构件灌浆实操中使用手动打气筒即可（图5.1.2）。

4. 浆料制备工具

浆料制备工具（图5.1.3），是对封缝料、灌浆料等浆料进行原材量取、混合搅拌、静置暂存等用到的一系列工具的总称。浆料制备工具主要有刻度量杯、量筒、水桶、不锈钢平底桶、不锈钢小盆、电子秤、手提变速搅拌器等。其中，刻度量杯、量筒主要用于量取水等液体物质；不锈钢小盆、电子秤主要用于量取封缝料、灌浆料的干料；不锈钢平底桶和手提变速搅拌器主要用于将所量取的各原料混合搅拌；水桶用于储存大量水，往往用于实操地点距离取水点较远或取水不便时。

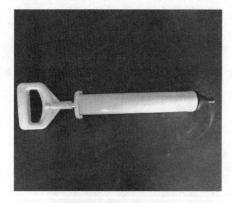
图5.1.2　打气筒

图5.1.3　浆料制备工具

5. 流动度测试工具

流动度测试工具（图5.1.4），顾名思义，就是用来测量浆料流动度的工具。流动度测试工具主要有玻璃板、圆截锥试模、勺子等。玻璃板是流动度测试工作的工作平台，测试前应对玻璃板进行清理并湿润，圆截锥试模是用来临时储存测试用的浆料的工具，勺子主要用于舀取制备好的浆料至圆截锥试模内。待浆料充满圆截锥试模内部空间后，提起圆截锥试模，观察浆料在玻璃板上向四周流淌扩散，待浆料不再明显扩散后，用测量工具量取浆料覆盖区域的最大直径，该数值即为本次测试所得的浆料流动度值。

6. 封缝工具

封缝工具（图5.1.5）是使用封缝料对灌浆区域进行密封和分仓时所需用到的工具，主要包括托板、抹子、铲子等。托板主要用于封缝作业时临时盛取封缝料，抹子和铲子配合工作，用来将封缝料填塞到需要密封和分仓的位置。

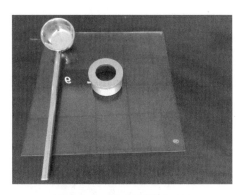

图 5.1.4　流动度测试工具

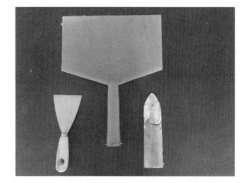

图 5.1.5　封缝工具

7. 电动灌浆泵

电动灌浆泵（图 5.1.6）是用来进行灌浆作业的电动工具。使用时将制备好的浆料倒入灌浆泵的存料桶里，然后通电后开启灌浆开关，即可将浆料沿灌浆管道从管道口压出，压入与管道口连接的灌浆套筒中。

8. 高压水枪

高压水枪（图 5.1.7）是高压水射流清洗机的俗称，是通过动力装置使高压柱塞泵产生高压水来冲洗物体表面的机器。它能将污垢剥离冲走，达到清洗物体表面的目的。

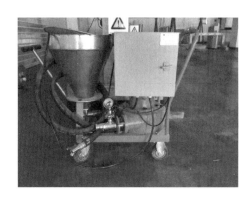

图 5.1.6　电动灌浆泵

图 5.1.7　高压水枪

9. 封缝内衬

封缝内衬是预制构件灌浆区域封缝操作时作为内侧模板的工具，其主要作用是保证封缝料的填塞厚度和填塞饱满度。封缝内衬应具有足够的长度和刚度，现场条件有限时也可用橡塑棉条作为封缝内衬（图 5.1.8）。

10. 密封圈

预制构件灌浆操作工艺中，需要在灌浆操作前对灌浆区域进行密封和分仓，且需要等待封缝料凝结硬化后方可进行下一步操作。封缝料的凝结硬化往往需要几个小时的时间。为了避免实操作业时耗费较长时间等待封缝料凝结硬化，实操时常采用橡胶密封圈（图 5.1.9）代替封缝料。具体的替代方法，是在封缝操作完成后，及时用高压水枪将封缝料清理干净，然后在封缝位置铺设密封圈，再进行下道工序的作业。

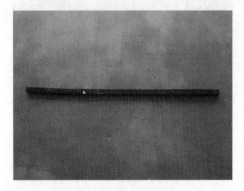
图 5.1.8　封缝内衬

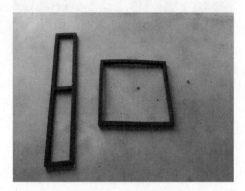
图 5.1.9　密封圈

11. 同条件试块专用试模

同条件试块专用试模，是专门用来制作灌浆料同条件试块的工具。灌浆料同条件养护试块尺寸应为 40mm×40mm×160mm，且每组试验需要三个试块，因此工程上常采用图 5.1.10 所示的三联试模作为制作灌浆料同条件试块的工具。

12. 测量工具、结合面处理工具、预留钢筋处理工具、橡胶锤、镜子、清扫工具

测量工具主要有钢卷尺、游标卡尺、塞尺、钢直尺、水平尺、线坠等；结合面处理工具主要有锤子、钢錾子、喷壶等；预留钢筋处理工具主要有钢丝刷、钢筋校正工具和角磨机等；清扫工具主要有抹布、扫把、垃圾桶等。以上工具在 4.1.1 节中均已介绍过，此处不再赘述。

5.1.2　实操材料

1. 出浆管专用堵头

出浆管专用堵头，是用来在套筒灌浆完成后封堵灌浆套筒灌浆孔和出浆孔的材料。根据材质的不同，出浆孔专用堵头可分为胶质和木质等。图 5.1.11 所示为木质出浆管专用堵头。

图 5.1.10　同条件试块三联试模

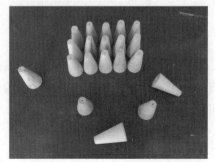
图 5.1.11　木质出浆管专用堵头

2. 灌浆料干料和封缝料干料

灌浆料干料（图 5.1.12）和封缝料干料（图 5.1.13），是用来制备灌浆料和封缝料的干粉料，通常用防潮编织袋包装存储。使用前需取一定质量的干料，与相应质量的水充分搅拌混合。

图 5.1.12　灌浆料干料

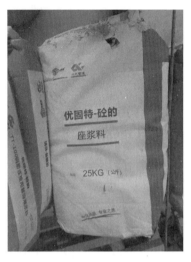

图 5.1.13　封缝料干料

3. 垫块

垫块是用来调节预制构件装配高度的材料。此材料在 4.1.2 节已经介绍过，这里不再赘述。

4. 水

水是制备封缝料和灌浆料必需的原材料。预制构件灌浆实操场地应保证有充足的水源供应。需要强调的是，当灌浆作业的环境温度超过 30℃时，需要有降低水温的措施，例如将冰块加入水中搅拌等。

任务 5.2　实操工艺

灌浆实操

5.2.1　生产前准备

1. 劳保用品准备

穿戴工装，佩戴安全帽和手套。

2. 设备检查

设备检查应重点检查吊装设备，其检查方法参见"4.2.1"节中的"2. 设备检查"。

3. 领取工具

根据实操需要，领取相应工具。

本实操项目所需领取的工具包括但不限于表 5.2.1 所示内容。实操时可根据实际情况进行准备，但应能保证本次实操内容顺利进行。

构件灌浆领取工具一览表　　　　　　　　　　　　表 5.2.1

序号	工具名称	数量	序号	工具名称	数量
1	温度计	1个	9	密封圈	1套
2	打气筒	1个	10	测量工具	1套
3	浆料制备工具	1套	11	结合面处理工具	1套
4	流动度测试工具	1套	12	预留钢筋处理工具	1套
5	封缝工具	1套	13	同条件试块专用模具	1套
6	电动灌浆泵	1个	14	橡胶锤	1把
7	高压水枪	1把	15	镜子	若干
8	封缝内衬	1套	16	清扫工具	1套

4. 领取材料

根据实操需要领取相应材料，并填写工具领取单。

本实操项目所需领取的材料包括但不限于表 5.2.2 所示内容。实操时可根据实际情况进行准备，但应能保证本次实操内容顺利进行。

构件灌浆领取材料一览表　　　　　　　　　　　　表 5.2.2

序号	工具名称	数量	序号	工具名称	数量
1	出浆管专用堵头	若干	3	灌浆料干料	1袋
2	封缝料干料	1袋	4	垫片	若干

　　操作人员需一次性领取本次实操所需用到的所有工具和材料。如果出现工具或材料领取不全的情况，实际工程中需要重新申请工具材料，影响操作进度。实操教学应以实际工程标准要求操作人员，杜绝二次领取现象发生。

5. 卫生检查及清理

观察场地及设备四周是否存在垃圾，如存在垃圾，用扫把清理干净。

5.2.2　构件吊装

1. 套筒检查

套筒检查主要检查套筒的通透性，其主要操作方法是用打气筒对套筒的灌浆孔打气，观察出浆孔的气体排出的状态，从而判断套筒是否通透。若套筒不通透，则需用锤子和钢錾子对其进行处理（图 5.2.1）。

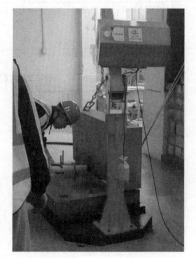

图 5.2.1　套筒检查

2. 连接钢筋处理

具体做法参见"4.2.3 剪力墙板吊装"中的"2. 连接钢筋处理"。

3. 分仓判断

具体做法参见"4.2.3 剪力墙板吊装"中的"4. 分仓判断"。

4. 工作面处理

具体做法参见"4.2.3 剪力墙板吊装"中的"3. 工作面处理"。

5. 剪力墙吊装

具体做法参见"4.2.3 剪力墙板吊装"中的"7. 放置垫块"和"9. 剪力墙吊装"。

5.2.3   封缝料制作及封缝

1. 温度测量

作业前，需用温度计对环境温度进行测量，并记录测量结果。

根据规范要求，当环境温度低于 5℃时不宜进行灌浆作业，低于 0℃时不得进行灌浆作业。当环境温度高于 30℃时，应采取降低灌浆料拌合物温度的措施。

2. 计算封缝料干料和水的用量

封缝料制作前，需要根据配合比计算封缝料干料和水的用量。

首先，根据分仓判断结果，确定需要进行封缝的区域的长度。一般而言，需要进行封缝的区域，主要是预制构件灌浆层边缘和各灌浆仓间分隔的位置。为了合理控制实操作业难度，建议不要在封缝环节设置分仓作业，仅对灌浆层边缘进行封缝即可（图 5.2.2）。通过观察图纸或者用测量工具量测，可以得到封缝区域的总长度。再结合封缝高度 20mm、封缝宽度 15～20mm 的行业通用数据，即可计算出封缝区域的体积 V。

图 5.2.2   无分仓要求的封缝区域示意

行业通用数据显示，封缝料的密度约为 2300kg/m³。且为了保证封缝料充足，通常制作封缝料需预留 10% 的富余量，即实际制作量取理论计算量的 1.1 倍。基于以上通用做法和要求，可计算得实操需制作封缝料的总质量 m，为封缝区域体积 V 与封缝料密度 2300kg/m³ 的乘积的 1.1 倍。

又根据行业通用数据可知，封缝料制备的原料配比中，水与封缝料干料的质量比常取 12：100。将上步计算得到的封缝料总质量 m 按该比例分配，即可计算得到封缝料干料和水的实际用量。

3. 封缝料制作

按照上步操作计算得到的封缝料干料和水的用量，用电子秤配合量筒、不锈钢小盆等工具称量封缝料干料和水。

原料称量完毕后，先将水倒入铁桶，然后加入 70％封缝料干料，搅拌约 2～3min，再加入剩余干料，搅拌约 3～4min，直至底部无干料为止。封缝料的搅拌应沿一个方向均匀进行，且总共搅拌时间不应少于 5min（图 5.2.3）。

封缝料制作

图 5.2.3 搅拌封缝料

4. 封缝操作

封缝操作前应在封缝作业的区域内侧放置内衬。放置时应确保内衬位置放置准确，内衬外边缘距离构件外边缘应留有 15～20mm 宽的空隙，以保证封缝厚度满足要求（图 5.2.4）。

内衬放置完毕后，根据内衬位置用封缝工具和制备好的封缝料依次进行封缝。封缝时应尽可能地保证封缝料饱满密实（图 5.2.5）。封缝结束后，小心抽出内衬，注意不要扰动封缝料。用扫把和抹布对工作面进行清理。

图 5.2.4 放置内衬

图 5.2.5 封缝

5. 检查封缝质量

封缝操作完成后，需要及时对封缝质量进行检查。首先，需要将封缝区域上方的预制构件吊起，为质检人员提供检查封缝质量的视角和条件（图 5.2.6）。随后，用钢直尺检查封缝宽度，用肉眼观察封缝饱满度，并用电子秤称量剩余的封缝料质量，根据以上检查结果对封缝质量做出评价。

6. 封缝料置换

封缝操作质检完成后，及时用高压水枪将封缝料冲洗干净，然后将密封圈置换到封缝的位置，完成密封圈对封缝料的置换（图 5.2.7）。需要强调的是，这一步操作是为了提高预制构件灌浆实操的效率，避免实操作业时为等待封缝料凝结硬化而空耗时间，真实的工程项目中不得进行如此替换作业。

封缝料置换完成后，需要在灌浆腔的合适位置上放置 20mm 厚的垫块，并将预制构件吊运回密封圈上，准备进行灌浆操作。

图 5.2.6　封缝质量检查

图 5.2.7　封缝料置换

5.2.4　灌浆料制作与灌浆

1. 计算灌浆料干料和水用量

灌浆料制作前，需要依据配合比计算灌浆料干料和水的用量。

所需灌注浆液的区域，包括灌浆套筒内部空间和预制构件下方的灌浆腔内部空间。根据行业通用数据，注满单个灌浆套筒内部需要灌浆料约 0.4kg。通过统计灌浆套筒数量，即可得到注满所有灌浆套筒内部所需灌浆料的质量。预制构件下方的灌浆腔高度为 20mm，其长宽尺寸可通过图纸或用测量工具实地量取获得，从而可计算出预制构件下方灌浆腔的体积。再结合行业通用数据，灌浆料密度约为 2300kg/m³，即可计算出注满预制构件下方灌浆腔所需灌浆料的质量。将注满所有灌浆套筒内部所需灌浆料的质量与注满预制构件下方灌浆腔所需灌浆料的质量相加求和，即可得到该构件灌浆实操的灌浆料理论用量。

为了保证灌浆作业时灌浆料充足，行业的通用做法是实际制作的灌浆料需要在灌浆料理论用量的基础上预留出 10% 的富余量，即实际用量是理论用量的 1.1 倍。再根据灌浆料原料的常用配比，水与灌浆料干料的质量比为 12∶100，即可计算得出灌浆料干料和水的实际用量。

2. 灌浆料制作

按照上步操作计算得到的灌浆料干料和水的用量，用电子秤配合量筒、不锈钢小盆等工具称量灌浆料干料和水。

原料称量完毕后，先将水倒入铁桶，然后加入 70％灌浆料干料，搅拌约 2～3min，再加入剩余干料，搅拌约 3～4min，直至底部无干料为止。搅拌应沿一个方向均匀进行，且总共搅拌时间不应少于 5min（图 5.2.8）。

灌浆料制作

图 5.2.8　搅拌灌浆料

与封缝料制作过程不同的是，灌浆料搅拌完成后，需静置 2min 左右，确保浆内气体自然排出，方可进行下一步操作。

3. 流动度试验

用水湿润玻璃板，用抹布将玻璃板擦拭干净。然后将截锥试模放置在玻璃板中心，用勺子将拌制好的浆料倒入截锥试模，对浆料进行振捣密实并抹平表面。竖直提起截锥试模，观察浆料往四周扩散。待扩散停止后，测量浆料灰饼的最大直径（图 5.2.9）。若所测直径大于等于 300mm，则满足要求，浆料合格；若灰饼直径小于 300mm，则浆料不合格，需重新拌制浆料。试验完成后，填写"构件灌浆-灌浆料拌制记录表"。

(a)

(b)

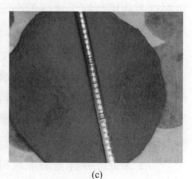
(c)

图 5.2.9　流动度试验

（a）灌浆料入模；（b）提起截锥试模；（c）测量灰饼直径

4. 制作同条件试块

同条件试块是工程上用来监测灌浆料实时工作性能的重要材料。制作时，将静置完成的灌浆料倒入同条件试块专用模具中，经振捣抹面后，等待其凝结硬化后拆除专用模具即可。预制构件灌浆实操作业时，可根据实际情况决定是否要求制作同条件试块。

5. 灌浆

灌浆前先湿润灌浆泵，防止灌浆料内水分被吸收。具体做法是将适量水倒入灌浆泵中，然后启动灌浆泵，将水全部排出。

灌浆泵湿润完成后，即可向灌浆泵内倒入灌浆料（图 5.2.10）。开启灌浆泵，将前端的少量灌浆料排出。

选择合适的套筒灌浆孔进行灌浆。每个分仓区域只有一个灌浆孔，其余均为出浆孔。灌浆孔一旦选定，灌浆作业中途不得随意更换。

将灌浆泵的接头与灌浆孔连接，然后开启灌浆泵，开始灌浆（图 5.2.11）。灌浆作业应连续进行，中间不得停顿。待出浆孔稳定持续流出圆柱状浆料时，及时用橡胶锤和出浆管专用堵头对其进行封堵。所有出浆孔均封闭后，保压 30s，保证其内部浆料充足。灌浆结束后灌浆泵口撤离灌浆孔时，也应立即对灌浆孔进行封堵。

灌浆工艺

图 5.2.10　向灌浆泵内倒入灌浆料

图 5.2.11　灌浆

所有灌浆仓均灌浆完毕后，实操人员应及时清理工作面，并称量剩余灌浆料的质量，记录称量结果。

6. 灌浆质量检查

灌浆作业实操完成后，应由实操人员或考评员对灌浆实操质量进行检查，并根据检查结果填写"构件灌浆-灌浆料拌制记录表"（表 5.2.3），由质量负责人和质检员分别在"构件灌浆-灌浆料拌制记录表"上签字确认。"构件灌浆-灌浆料拌制记录表"可参照表 5.2.4 填写。

构件灌浆-灌浆料拌制记录表　　　　表 5.2.3

质检人员：　　　　　　　　记录人：　　　　　　日期：　　年　月　日

构件名称			工位编号		
环境温度	℃		使用灌浆料总量		kg
搅拌时间	min	初始流动度	mm	水料比 （加水率）	水：　kg；料：　kg

检验结果：

"构件灌浆-灌浆料拌制记录表"填写示例　　　　表 5.2.4

质检人员：张×　　　　　　记录人：张×　　　　日期：2021 年 11 月 21 日

构件名称		剪力墙板	工位编号		1 号
环境温度		17 ℃	使用灌浆料总量		23.892　kg
搅拌时间	5　min	初始流动度	318　mm	水料比 （加水率）	水：2.560kg；料：21.332kg

检验结果：　　　　　　　　　　　　合格

5.2.5　工完料清

1. 设备拆除、清洗、复位

将上部构件吊起，离开底座吊至清洗区。用高压水枪对准上部出浆孔进行清洗，然后对准下部出浆孔进行清洗，再清洗构件底部。根据清洗情况可多次循环上述操作，直至构件清洗干净为止（图 5.2.12）。

底座处的浆料先用抹子铲除，然后用高压水枪从一侧往另一侧清洗，注意吊钉位置重点清洗。清洗完毕后，将构件恢复至原位。

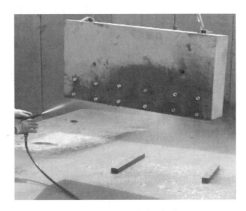

图 5.2.12　设备清洗

2. 工具清洗维护

对使用的工具进行清洗，重点清洗灌浆泵。

清洗灌浆泵时，应先将内部灌浆料全部排出，然后拆除灌浆管和压力表。灌浆管用水龙头或高压水枪清洗。灌浆泵倒入清水先清洗 3～4 遍，然后放入海绵球，再倒入清水清洗 3～4 遍，直至排出的水干净为止。灌浆泵如果内部有残余浆料未及时清理，则需拆除灌浆泵进行特殊保养。

工具清洗完成后，对所有的工具进行清理，然后收纳入库，并填写工具入库单。

3. 场地清理

对实操场地进行清理，垃圾清扫，泥浆清洗沉淀，然后将垃圾及时清运。

任务 5.3　考核标准

预制构件灌浆的实操工作，建议由三位实操人员作为一个团队共同完成。根据实操团队成员数量，将整体操作流程分成三个环节，每位实操人员在某一操作环节中担任主导角色，并在其余两个实操环节中担任主操角色。主导角色为本考核项的主要工艺指导和施工组织人员，通过有序组织安排，保证本项操作的质量、效率和安全；主操角色为本考核项的主要操作人员，接受"主导角色"安排，通过标准工艺操作配合队员完成本项操作任务。实操某一构件灌浆环节时，该环节主导角色需要组织、指挥整体团队完成该环节既定任务，并对该环节操作质量负总责；该环节主操角色接受主导人员指挥，完成主导人员指令，配合主导人员完成该环节既定任务。

本教材参考"1＋X 装配式建筑构件制作与安装职业技能等级证书"实操考试的考核标准，制定了如表 5.3.1～表 5.3.3 所示考核标准，使用者可根据实际情况对该标准进行适当调整。

"构件灌浆-1号考核人员"实操考核评定表 表 5.3.1

一、主导考核项(70分)				
序号	考核项	考核内容(工艺流程+质量控制+组织能力+施工安全)		评分标准
1	施工前准备工艺流程(6分)	劳保用品准备	佩戴安全帽(1分)	(1)内衬圆周大小调节到头部稍有约束感为宜。(2)系好下颚带,下颚带应紧贴下颚,松紧以下颚有约束感,但不难受为宜。均满足以上要求可得满分,否则得0分
			穿戴劳保工装、防护手套(1分)	(1)劳保工装做到"统一、整齐、整洁",并做到"三紧",即领口紧、袖口紧、下摆紧,严禁卷袖口、卷裤腿等现象。(2)必须正确佩戴手套,方可进行实操考核。均满足以上要求可得满分,否则得0分
		设备检查	检查施工设备(如:吊装机具、吊具等)(1分)	发布"设备检查"指令,指挥主操人员操作开关(如有)或手动检查吊装机具是否正常运转,吊具是否正常使用。满足以上要求可得满分,否则不得分
		领取工具	领取构件灌浆所有工具(1分)	发布"领取工具"指令,指挥主操人员领取工具,放置指定位置,摆放整齐。满足以上要求可得满分,否则不得分
		领取材料	领取构件灌浆所有材料(1分)	发布"领取材料"指令,指挥主操人员领取材料,放置指定位置,摆放整齐。满足以上要求可得满分,否则不得分
		卫生检查及清理	施工场地卫生检查及清扫(1分)	发布"卫生检查及清理"指令,指挥主操人员正确使用工具(扫把),规范清理场地。满足以上要求可得满分,否则不得分
2	构件吊装工艺流程(29分)	套筒检查	检查套筒通透性(2分)	发布"检查套筒通透性"指令,指挥主操人员正确使用工具(气泵或打气筒),检查每个套筒是否通透,检查后需说明通透/不通透,若不通透则需用工具(錾子和锤子)对其处理。满足以上要求可得满分,否则不得分
		连接钢筋处理	连接钢筋除锈(2分)	发布"连接钢筋除锈"指令,指挥主操人员正确使用工具(钢丝刷),对生锈钢筋处理,若没有生锈钢筋,则说明钢筋无需除锈。满足以上要求可得满分,否则不得分
			连接钢筋长度检查(2分)	发布"连接钢筋长度检查"指令,指挥主操人员正确使用工具(钢直尺),对每个钢筋进行测量,指出不符合要求的钢筋。满足以上要求可得满分,否则不得分
			连接钢筋垂直度检查(2分)	发布"连接钢筋垂直度检查"指令,指挥主操人员正确使用工具(靠尺),对每个钢筋进行两个方向(90°夹角)测量,指出不符合要求的钢筋。满足以上要求可得满分,否则不得分
			连接钢筋校正(2分)	发布"连接钢筋校正"指令,指挥主操人员正确使用工具(钢直尺、钢管、角磨机),对过长钢筋用工具(角磨机)进行切割,对不垂直钢筋用工具(钢管)进行校正。满足以上要求可得满分,否则不得分

		一、主导考核项(70 分)	
序号	考核项	考核内容(工艺流程＋质量控制＋组织能力＋施工安全)	评分标准
2	构件吊装工艺流程(29 分)	分仓判断(2 分)	发布"分仓判断"指令,根据图纸给出信息计算也可使用工具(钢卷尺)直接测量,当最远套筒距离≤1.5m 则不需分仓,否则需要分仓。满足以上要求可得满分,否则不得分
		工作面处理　凿毛处理(1 分)	发布"凿毛处理"指令,指挥主操人员正确使用工具(铁锤、錾子),对定位线内工作面进行粗糙面处理。满足以上要求可得满分,否则不得分
		工作面处理　工作面清理(1 分)	发布"工作面清理"指令,指挥主操人员正确使用工具(扫把、气泵),对工作面进行清理。满足以上要求可得满分,否则不得分
		工作面处理　洒水湿润(2 分)	发布"洒水湿润"指令,指挥主操人员正确使用工具(喷壶),对工作面进行洒水湿润处理。满足以上要求可得满分,否则不得分
		工作面处理　清理积水(2 分)	发布"清理积水"指令,指挥主操人员正确使用工具(气泵),清理工作面积水。满足以上要求可得满分,否则不得分
		工作面处理　放置垫块(2 分)	发布"放置垫块"指令,指挥主操人员正确使用材料(垫块),在墙两端距离边缘 4cm 以上,远离钢筋位置处放置 2cm 高垫块。满足以上要求可得满分,否则不得分
		剪力墙吊装　吊具连接(2 分)	发布"吊具连接"指令,指挥主操人员选择吊孔,满足吊链与水平夹角不宜小于 60°。满足以上要求可得满分,否则不得分
		剪力墙吊装　剪力墙试吊(2 分)	发布"剪力墙试吊"指令,指挥主操人员正确操作吊装设备起吊剪力墙至距离地面约 300mm,停滞,观察吊具是否安全。满足以上要求可得满分,否则不得分
		剪力墙吊装　剪力墙吊运(2 分)	发布"剪力墙吊运"指令,指挥主操人员正确操作吊装设备吊运剪力墙,缓起、匀升、慢落。满足以上要求可得满分,否则不得分
		剪力墙吊装　剪力墙安装对位(2 分)	发布"剪力墙安装对位"指令,指挥主操人员正确操作吊装设备,正确使用工具(2 面镜子),将镜子放置墙体两端钢筋相邻处,观察套筒与钢筋位置关系,边调整剪力墙位置边下落。满足以上要求可得满分,否则不得分
		剪力墙吊装　摘除吊钩(1 分)	发布"摘除吊钩"指令,指挥主操人员正确使用工具(扳手)进行终固定。满足以上要求可得满分,否则不得分
3	质量控制(20 分)	工具选择　工具选择合理、数量准确(7 分)	此部分由考评员评定
		材料选择　材料选择合理、数量准确(7 分)	
		卫生质量　场地干净清洁(6 分)	

		一、主导考核项(70 分)	
序号	考核项	考核内容(工艺流程＋质量控制＋组织能力＋施工安全)	评分标准
4	组织协调(15 分)	指令明确(5 分)	指令明确,口齿清晰,无明显错误得满分,否则不得分
		分工合理(5 分)	分工合理,无窝工或分工不均情况得满分,否则不得分
		纠正错误操作(5 分)	及时纠正主操人员错误操作,并给出正确指导得满分,否则不得分
5	安全施工	施工过程中严格按照安全文明生产规定操作,无恶意损坏工具、原材料且无因操作失误造成考试干系人伤害等行为	出现严重损坏设备、伤人事件,判定对应操作人和主导人不合格
			出现墙板碰撞、手放置墙底等一般危险行为,出现一项则对对应人扣 10 分。主导人制止则不扣分,未提前干预或制止则对主导人扣 10 分,上不封顶

		二、主操考核项(30 分)	
序号	考核项	考核内容(团队协作＋工艺实操)	评分标准
1	封缝料制作与封缝(15 分)	按照主导人指令完成工艺操作	(1)服从指挥,配合其他人员得 7.5 分。(2)能正确使用工具和材料,按照主导人指令完成工艺操作得 7.5 分。满分 15 分,全部符合得 15 分,一项符合得 7.5 分,都不符合不得分
2	灌浆料制作与检验、灌浆、工完料清(15 分)		

"构件灌浆-2 号考核人员"实操考核评定表　　　　表 5.3.2

		一、主导考核项(70 分)	
序号	考核项	考核内容(工艺流程＋质量控制＋组织能力＋施工安全)	评分标准
1	封缝料制作与封缝(35 分)	封缝料制作	根据配合比计算封缝料干料和水用量(2 分)	发布"根据配合比计算封缝料干料和水用量"指令,指挥主操人员正确使用工具(钢卷尺),测量构件长和宽(或看图纸),先给定计算条件:封缝料密度假设 2300kg/m³,水:封缝料干料＝12:100(质量比),考虑封缝料充足情况留出 10% 富余量。根据 $m = \rho V(1+10\%)$ 公式计算水和封缝料干料分别用量。满足以上要求可得满分,否则不得分
			称量水(2 分)	发布"称量水"指令,指挥主操人员正确使用工具(量筒或电子秤),根据计算用水量称量。满足以上要求可得满分,否则不得分
			称量封缝料干料(2 分)	发布"称量封缝料干料"指令,指挥主操人员正确使用工具(电子秤、小盆),根据计算封缝料干料用量称量,注意小盆去皮。满足以上要求可得满分,否则不得分

序号	考核项	考核内容(工艺流程＋质量控制＋组织能力＋施工安全)		评分标准
		一、主导考核项(70分)		
1	封缝料制作与封缝(35分)	封缝料制作	将全部水倒入搅拌容器(2分)	发布"将全部水倒入搅拌容器"指令,指挥主操人员正确使用工具(量筒、搅拌容器),将水全部导入搅拌容器。满足以上要求可得满分,否则不得分
			加入封缝料干料(4分)	发布"加入封缝料干料"指令,指挥主操人员正确使用工具(小盆),推荐分两次加料,第一次先将70%干料倒入搅拌容器,第二次加入30%干料。满足以上要求可得满分,否则不得分
			封缝料搅拌(4分)	发布"封缝料搅拌"指令,指挥主操人员正确使用工具[搅拌器(若料太少建议直接小铲子拌制)],推荐分两次搅拌,沿一个方向均匀搅拌封缝料,总共搅拌不少于5min。满足以上要求可得满分,否则不得分
		封缝操作	放置内衬(2分)	发布"放置内衬"指令,指挥主操人员正确使用材料(内衬,如PVC管或橡胶条),先沿一边布置,使封缝宽度控制在约1.5~2cm。满足以上要求可得满分,否则不得分
			封缝(2分)	发布"封缝"指令,指挥主操人员正确使用工具(托板、小抹子)和材料(封缝料),沿一布置好内衬一边进行封缝。满足以上要求可得满分,否则不得分
			抽出内衬(2分)	发布"抽出内衬"指令,指挥主操人员从一侧竖直抽出内衬,保证不扰动封缝,然后进行下一边封缝。满足以上要求可得满分,否则不得分
			清理工作面(2分)	发布"清理工作面"指令,指挥主操人员正确使用工具(扫把、抹布)清理工作面余浆。满足以上要求可得满分,否则不得分
		检查封缝质量	吊起构件(1分)	发布"吊起构件"指令,指挥主操人员正确使用操作吊装设备吊起构件,并安全放置指定位置。满足以上要求可得满分,否则不得分
			检查封缝宽度(2分)	发布"检查封缝宽度"指令,指挥主操人员正确使用工具(钢直尺),按照考核员指定任意位置测量封缝宽度。满足以上要求可得满分,否则不得分
			检查封缝饱满度(2分)	发布"检查封缝饱满度"指令,此项需要考评员肉眼观察封缝饱满度情况。满足以上要求可得满分,否则不得分
			清理封缝料(2分)	发布"清理封缝料"指令,指挥主操人员正确使用工具(铲子、水枪、气泵、扫把),先将封缝料铲除,然后用高压水枪从一侧清洗,最后用气泵或扫把清洗积水。满足以上要求可得满分,否则不得分
			称量剩余封缝料(2分)	发布"称量剩余封缝料"指令,指挥主操人员正确使用工具(小盆、电子秤),称量封缝料(注意去皮)。满足以上要求可得满分,否则不得分
		密封	放置密封装置(1分)	发布"放置密封装置"指令,指挥主操人员放置密封装置,采取漏浆措施。满足以上要求可得满分,否则不得分
			安装构件(1分)	发布"安装构件"指令,指挥主操人员正确使用吊装设备,再次安装构件。满足以上要求可得满分,否则不得分

一、主导考核项(70分)			
序号	考核项	考核内容(工艺流程＋质量控制＋组织能力＋施工安全)	评分标准
2	质量控制(20分)	封缝料搅拌质量 / 无干料、无明水、手握成团(3分)	在操作过程中根据质量要求由考评员打分
		工作面清洁程度(3分)	
		封缝质量 / 1.5cm≤封缝宽度≤2cm(4分)	
		封缝饱满度(4分)	
		封缝料剩余量≤1kg(3分)	
		清理封缝料质量 / 无残余料、无积水(3分)	
3	组织协调(15分)	指令明确(5分)	指令明确,口齿清晰,无明显错误得满分,否则不得分
		分工合理(5分)	分工合理,无窝工或分工不均情况得满分,否则不得分
		纠正错误操作(5分)	及时纠正主操人员错误操作,并给出正确指导得满分,否则不得分
4	安全施工	施工过程中严格按照安全文明生产规定操作,无恶意损坏工具、原材料且无因操作失误造成考试干系人伤害等行为	出现严重损坏设备、伤人事件,判定对应操作人和主导人不合格
			出现墙板碰撞、手放置墙底等一般危险行为,出现一项则对对应人扣10分。主导人制止则不扣分,未提前干预或制止则对主导人扣10分,上不封顶

二、主操考核项(30分)			
序号	考核项	考核内容(团队协作＋工艺实操)	评分标准
1	施工前准备及构件吊装(15分)	按照主导人指令完成工艺操作	(1)服从指挥,配合其他人员得7.5分。(2)能正确使用工具和材料,按照主导人指令完成工艺操作得7.5分。满分15分,全部符合得15分,一项符合得7.5分,都不符合不得分
2	灌浆料制作与检验、灌浆、工完料清(15分)		

"构件灌浆-3 号考核人员"实操考核评定表　　　　表 5.3.3

			一、主导考核项(70分)	
序号	考核项	考核内容(工艺流程＋质量控制＋组织能力＋施工安全)		评分标准
1	灌浆工艺流程(28分)	灌浆料制作	温度检测(1分)	发布"温度检测"指令,指挥主操人员正确使用工具(温度计)测量室温,并做记录。满足以上要求可得满分,否则不得分
			根据配合比计算灌浆料干料和水用量(1分)	发布"根据配合比计算灌浆料干料和水用量"指令,根据图纸识读构件长度和宽度、套筒型号和数量,先给定计算条件:封缝料密度假设 2300kg/m³,水:灌浆料干料＝12:100(质量比),单个套筒灌浆料质量 0.4kg,考虑灌浆泵内有残余浆料,考虑 10% 富余量。$m＝(\rho V＋0.4×n)(1＋10\%)$,其中 n 为套筒数量。再根据灌浆料总量计算水和灌浆料干料分别用量。满足以上要求可得满分,否则不得分
			称量水(1分)	发布"称量水"指令,指挥主操人员正确使用工具(量筒或电子秤),根据计算水用量称量。满足以上要求可得满分,否则不得分
			称量灌浆料干料(1分)	发布"称量灌浆料干料"指令,指挥主操人员正确使用工具(电子秤、小盆),根据计算灌浆料干料用量称量,注意小盆去皮。满足以上要求可得满分,否则不得分
			将全部水倒入搅拌容器(1分)	发布"将全部水倒入搅拌容器"指令,指挥主操人员正确使用工具(量筒、搅拌容器),将水全部导入搅拌容器。满足以上要求可得满分,否则不得分
			加入灌浆料干料(1分)	发布"加入灌浆料干料"指令,指挥主操人员正确使用工具(小盆),推荐分两次加料,第一次先将 70% 干料倒入搅拌容器,第二次加入 30% 干料。满足以上要求可得满分,否则不得分
			灌浆料搅拌(1分)	发布"灌浆料搅拌"指令,指挥主操人员正确使用工具(搅拌器),推荐分两次搅拌,沿一个方向均匀搅拌封缝料,总共搅拌不少于 5min。满足以上要求可得满分,否则不得分
		流动度检验	静置约 2min(1分)	发布"静置约 2min"指令,使灌浆料内气体自然排出。满足以上要求可得满分,否则不得分
			放置并湿润玻璃板(1分)	发布"放置并湿润玻璃板"指令,指挥主操人员正确使用工具(玻璃板、抹布),用湿润抹布擦拭玻璃板,并放置平稳位置。满足以上要求可得满分,否则不得分
			放置截锥试模(1分)	发布"放置截锥试模"指令,指挥主操人员正确使用工具(截锥试模),大口朝下小口朝上,放置玻璃板正中央。满足以上要求可得满分,否则不得分
			倒入灌浆料(1分)	发布"倒入灌浆料"指令,指挥主操人员正确使用工具(勺子),舀出一部分灌浆料倒入截锥试模。满足以上要求可得满分,否则不得分
			抹面(1分)	发布"抹面"指令,指挥主操人员正确使用工具(小抹子),将截锥试模顶多余灌浆料抹平。满足以上要求可得满分,否则不得分

续表

一、主导考核项(70分)			
序号	考核项	考核内容(工艺流程＋质量控制＋组织能力＋施工安全)	评分标准
1	灌浆工艺流程(28分)	流动度检验 竖直提起截锥试模(1分)	发布"竖直提起截锥试模"指令,指挥主操人员竖直提起截锥试模。满足以上要求可得满分,否则不得分
		流动度检验 测量灰饼直径(1分)	发布"测量灰饼直径"指令,指挥主操人员正确使用工具(钢卷尺),等灌浆料停止流动后,测量最大灰饼直径,并做记录。满足以上要求可得满分,否则不得分
		流动度检验 填写灌浆料拌制记录表(1分)	发布"填写灌浆料拌制记录表"指令,主导人将以上记录数据整理到此记录表上。满足以上要求可得满分,否则不得分
		同条件试块 倒入灌浆料(1分)	发布"倒入灌浆料"指令,指挥主操人员正确使用工具(勺子),舀出一部分灌浆料倒入试模。满足以上要求可得满分,否则不得分
		同条件试块 抹面(1分)	发布"抹面"指令,指挥主操人员正确使用工具(小抹子),将试模顶多余灌浆料抹平。满足以上要求可得满分,否则不得分
		灌浆 湿润灌浆泵(1分)	发布"湿润灌浆泵"指令,指挥主操人员正确使用工具(灌浆泵、塑料勺)和材料(水),将水倒入灌浆泵进行湿润,并将水全部排出。满足以上要求可得满分,否则不得分
		灌浆 倒入灌浆料(1分)	发布"倒入灌浆料"指令,指挥主操人员正确使用工具(灌浆泵、搅拌容器),将灌浆料倒入灌浆泵。满足以上要求可得满分,否则不得分
		灌浆 排出前端灌浆料(1分)	发布"排出前端灌浆料"指令,指挥主操人员正确使用工具(灌浆泵),由于灌浆泵内有少量积水,因此需排出前端灌浆料。满足以上要求可得满分,否则不得分
		灌浆 选择灌浆孔(1分)	发布"选择灌浆孔"指令,指挥主操人员正确使用工具(灌浆泵),选择下方灌浆孔,一仓室只能选择一个灌浆孔,其余为排浆孔,中途不得换灌浆孔。满足以上要求可得满分,否则不得分
		灌浆 灌浆(1分)	发布"灌浆"指令,指挥主操人员正确使用工具(灌浆泵),灌浆时应连续灌浆,中间不得停顿。满足以上要求可得满分,否则不得分
		灌浆 封堵排浆孔(1分)	发布"封堵排浆孔"指令,指挥主操人员正确使用工具(铁锤)和材料(橡胶塞),待排浆孔流出浆料并成圆柱状时进行封堵。满足以上要求可得满分,否则不得分
		灌浆 保压(1分)	发布"保压"指令,指挥主操人员正确使用工具(灌浆泵),待排浆孔全部封堵后保压或慢速保持约30s,保证内部浆料充足。满足以上要求可得满分,否则不得分

		一、主导考核项(70分)	
序号	考核项	考核内容(工艺流程＋质量控制＋组织能力＋施工安全)	评分标准
1	灌浆工艺流程(28分)	灌浆	封堵灌浆孔(1分)	发布"封堵灌浆孔"指令,指挥主操人员正确使用工具(铁锤)和材料(橡胶塞),待灌浆泵移除后迅速封堵灌浆孔。满足以上要求可得满分,否则不得分
			工作面清理(1分)	发布"工作面清理"指令,指挥主操人员正确使用工具(扫把、抹布),清理工作面,保持干净。满足以上要求可得满分,否则不得分
			称量剩余灌浆料(1分)	发布"称量剩余灌浆料"指令,指挥主操人员正确使用工具(灌浆泵、电子秤、小盆),将料浆排入小盆,称量重量(注意去皮)。满足以上要求可得满分,否则不得分
			填写灌浆施工记录表(1分)	发布"填写灌浆施工记录表"指令,主导人将以上灌浆记录数据整理到此记录表上。满足以上要求可得满分,否则不得分。
2	工完料清(7分)	设备拆除、清洗、复位	设备拆除(1分)	发布"设备拆除"指令,指挥主操人员操作吊装设备将灌浆上部构件吊至清洗区。满足以上要求可得满分,否则不得分
			清洗套筒、墙底、底座(1分)	发布"清洗套筒、墙底、底座"指令,指挥主操人员正确使用工具(高压水枪)针对每个套筒彻底清洗至无残余浆料。满足以上要求可得满分,否则不得分
			设备复位(1分)	发布"设备复位"指令,指挥主操人员正确使用吊装设备将上部构件调至原位置。满足以上要求可得满分,否则不得分
		工具清洗维护	灌浆泵清洗维护(1分)	发布"灌浆泵清洗维护"指令,指挥主操人员着重清洗灌浆泵,先将水倒入灌浆泵然后排出,清洗3遍,在将海绵球放置灌浆泵并排出,清洗3遍。满足以上要求可得满分,否则不得分
			其他工具清洗维护(1分)	发布"其他工具清洗维护"指令,指挥主操人员清洗有浆料浮浆工具(搅拌器、小盆、铲子、抹子等)。满足以上要求可得满分,否则不得分
			工具入库(1分)	发布"工具入库"指令,指挥主操人员将工具放置原位置。满足以上要求可得满分,否则不得分
		场地清理(1分)		发布"场地清理"指令,指挥主操人员正确使用工具(高压水枪、扫把)将场地清理干净,并将工具归还。满足以上要求可得满分,否则不得分

一、主导考核项(70分)			
序号	考核项	考核内容(工艺流程＋质量控制＋组织能力＋施工安全)	评分标准
3	质量控制(20分)	灌浆料制作与检验	灌浆料拌制记录表(2分)	在操作过程中根据质量要求由考评员打分
			静置无气泡排出(2分)	
			初始流动度≥300mm(2分)	
		灌浆质量	是否饱满(2分)	
			是否漏浆(2分)	
			灌浆施工记录表(2分)	
			灌浆料剩余量≤2kg(2分)	
		工完料清	设备清洗是否干净(2分)	
			工具清洗是否干净(2分)	
			场地清洗是否干净(2分)	
4	组织协调(15分)	指令明确(5分)	指令明确,口齿清晰,无明显错误得满分,否则不得分
		分工合理(5分)	分工合理,无窝工或分工不均情况得满分,否则不得分
		纠正错误操作(5分)	及时纠正主操人员错误操作,并给出正确指导得满分,否则不得分

一、主导考核项(70 分)			
序号	考核项	考核内容(工艺流程＋质量控制＋组织能力＋施工安全)	评分标准
5	安全施工	施工过程中严格按照安全文明生产规定操作,无恶意损坏工具、原材料且无因操作失误造成考试干系人伤害等行为	出现严重损坏设备、伤人事件,判定对应操作人和主导人不合格
			出现墙板碰撞、手放置墙底等一般危险行为,出现一项则对对应人扣 10 分。主导人制止则不扣分,未提前干预或制止则对主导人扣 10 分,上不封顶

二、主操考核项(30 分)			
序号	考核项	考核内容(团队协作＋工艺实操)	评分标准
1	施工前准备及构件吊装(15 分)	按照主导人指令完成工艺操作	(1)服从指挥,配合其他人员得 7.5 分。(2)能正确使用工具和材料,按照主导人指令完成工艺操作得 7.5 分。满分 15 分,全部符合得 15 分,一项符合得 7.5 分,都不符合不得分
2	封缝料制作与封缝(15 分)		

项目 6

墙板接缝施工

【教学目标】

1. 了解墙板接缝施工操作常用的设备，掌握其使用方法，并能正确使用。

2. 理解墙板接缝施工的操作工艺，并能实操完成墙板接缝施工工作。

3. 能够对墙板接缝施工成果进行验收和评价。

4. 能够对实操设备和场地进行及时清理，做到工完料清。

【思政目标】

1. 热爱工作，热爱劳动。

2. 细致务实，一丝不苟。

3. 乐观向善，得体自信。

4. 尊重公序良俗，致力环境保护。

对于装配式混凝土建筑而言，预制墙体间的接缝质量，对墙体实现保温、隔热、隔声、防水、防潮等性能具有重要的意义和影响。目前建筑行业对于装配式混凝土预制外墙板安装接缝的处理，通常采用构造防水与材料防水相结合的方法。其中构造防水的相关技术措施主要在构件制作过程中实现。但是材料防水相关的技术措施，则需要在预制外墙板安装完成后，再在墙板接缝的位置，进行墙板接缝处理。

墙板接缝施工是影响装配式建筑建造质量的重要工艺，也是装配式建筑实操培训和考核的重要内容。结合"1＋X 装配式建筑构件制作与安装职业技能等级证书"实操考试等权威考试的要求和流程设计，并考虑装配式建筑构件安装实操教学与考核工作的可行性和经济性，本教材给出如下实操建议。

任务 6.1　实操设备

6.1.1　实操工具

1. 墙板接缝施工操作平台

墙板接缝施工操作平台（图 6.1.1），是用来模拟装配式混凝土建筑外墙板接缝施工的定制型操作平台。操作平台由架体、墙板和吊篮组成。其中，墙板是由四块"田"字格式排布的金属板组成，四块金属板模拟四面预制墙板。四块金属板间形成十字形缝隙，模拟预制墙板的纵横两道接缝，作为墙板接缝实操的密封作业区域。操作平台上设有控制四块金属板张开和闭合的电动操控装置，便于密封作业区域的清理和维护（图 6.1.1b）。吊

(a)　　　　　　　　　　　　(b)　　　　　　　　　　　　(c)

图 6.1.1　墙板接缝施工操作平台

（a）操作平台展示；（b）金属板开合装置；（c）吊篮升降遥控器

篮是实操人员进行墙板接缝施工的工作台，实操人员可通过操作吊篮升降遥控器（图6.1.1c）操控吊篮的升降。由于外墙板接缝施工属于建筑外立面高处作业，因此需要设置吊篮模拟高处作业的工作状态。

需要强调的是，由于吊篮内施工属于高处作业，因此实操人员必须按规定佩戴安全带。

2. 毛刷

毛刷（图6.1.2）是一种常见的清洁工具，主要用于涂刷胶液或刷除物体表面浮灰等。

3. 壁纸刀

壁纸刀（图6.1.3）是主要用于裁剪、切割手工艺原材料的工具。由于其最早是用来裁剪壁纸，因此得名"壁纸刀"。壁纸刀的最大特点是刀片采用分段式设计，可以折去端头不锋利的一段，不需磨刀即能保持刀尖锋利。

图 6.1.2 毛刷

图 6.1.3 壁纸刀

4. 胶枪

胶枪（图6.1.4）是一种施胶的常用工具，主要用途就是将密封胶施加到指定的位置。胶枪广泛用于建筑装饰、电子电器、汽车及汽车部件、船舶及集装箱等行业。

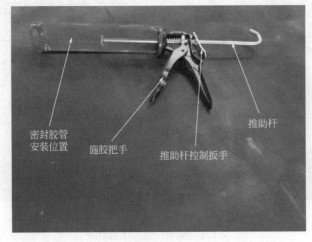

密封胶管安装位置　施胶把手　推助杆控制扳手　推助杆

图 6.1.4 胶枪

使用胶枪时，首先通过按压推助杆控制扳手，使推助杆处在可水平自由移动的状态。向后拉动推助杆，给密封胶管安装位置避让出足够的空间，然后安装密封胶管。松开推助杆控制扳手，使助推杆处在位置锁定的状态。扳动施胶把手，即可进行施胶作业。

5. 刮板

刮板（图 6.1.5）是用来在物体表面上布开、推开或拭去液体或胶体的工具，广泛应用于手工艺制作中。

图 6.1.5 刮板

6. 角磨机、钢丝刷、钢直尺、铲子、清洁工具

清洁工具主要包括抹布、扫把、垃圾桶等。角磨机、钢丝刷、钢直尺、铲子（图 6.1.6）、清洁工具在前文已经介绍过，这里不再赘述。

6.1.2 实操材料

1. 美纹纸胶带

美纹纸胶带（图 6.1.7）是以美纹纸和压敏胶水为主要原料，在美纹纸上涂覆压敏胶粘剂，另一面涂以防粘材料而制成的卷状胶粘带。美纹纸胶带具有耐高温、抗化学溶剂、高粘着力、柔软服贴和再撕不留残胶等特性。

图 6.1.6 铲子   图 6.1.7 美纹纸胶带

墙板接缝实操中，美纹纸胶带主要用于对施胶临近区域的覆盖保护。施胶作业前，在施胶临近区域粘贴美纹纸胶带，避免密封胶粘连到该区域。施胶作业完成后，再将美纹纸胶带撕除。

2. PE 棒

PE 棒（图 6.1.8），全称为聚乙烯棒，是一种结晶度高、非极性的热塑性材料。原态的 PE 棒外表呈乳白色，在微薄截面呈一定程度的半透明状。PE 棒常被作为预制外墙板接缝密封的背衬材料，在材料防水中发挥重要作用。

3. 耐候密封胶

耐候密封胶（图 6.1.9）是装配式建筑外墙板接缝施工的主要密封材料。耐候密封胶具有优异的耐候性能，经过人工加速气候老化测试，密封胶的各项理化性能无明显变化。使用时用挤胶枪将胶从密封胶筒中挤到需要密封的接缝中，密封胶在常温下吸收空气中的水分，固化成弹性体，形成有效密封。

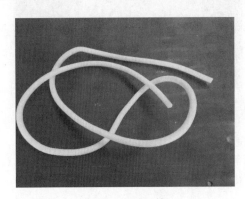

图 6.1.8　PE 棒

图 6.1.9　耐候密封胶

4. 密封胶底涂液

密封胶底涂液是密封胶粘结的重要辅助材料。底涂液是在密封胶施工过程中预先涂在基材上的溶液状物质，固化后形成牢固的薄层，该薄层作为密封胶与基材之间的过渡层，它与密封胶以及基材之间的粘结力优于密封胶与基材之间的粘结力，从而增强了密封胶与基材之间的粘结性能。

任务 6.2　实操工艺

6.2.1　施工前准备

1. 劳保用品准备

操作人员穿上劳保工装，正确佩戴安全帽，戴好劳保手套，并佩戴安全带。

2. 设备检查

操作人员站在地面上，操作实操平台的墙体分离和合拢装置，以及吊篮的升降装置，检查以上设备是否能够安全良好地工作。

3. 领取工具和材料

根据实操需要，领取相应工具和材料。

接缝实操

本实操项目所需领取的工具和材料包括但不限于表 6.2.1、表 6.2.2 所示内容。实操时可根据实际情况进行准备，但应能保证本次实操内容顺利进行。

墙板接缝施工领取工具一览表　　　　　　　表 6.2.1

序号	工具名称	数量	序号	工具名称	数量
1	胶枪	1 把	5	刮板	1 个
2	角磨机	1 把	6	壁纸刀	1 把
3	钢丝刷	1 把	7	扫把	1 把
4	毛刷	1 把	8	抹布	1 块

墙板接缝施工领取材料一览表　　　　　　　表 6.2.2

序号	工具名称	数量	序号	工具名称	数量
1	密封胶	若干	3	底涂液	1 罐
2	美纹纸胶带	若干	4	PE 棒	若干

操作人员需一次性领取本次实操所需用到的所有工具和材料。如果出现工具或材料领取不全的情况，实际工程中需要重新申请工具材料，影响操作进度。实操教学应以实际工程标准要求操作人员，杜绝二次领取现象发生。

领取的工具需置于操作平台的吊篮上，以供实操人员在吊篮上实操时使用。

4. 卫生检查和清理

操作人员需清理实操工位及附近的卫生。

5. 进入并提升吊篮

卫生检查清理完成后，实操人员即可进入吊篮，由他人辅助将安全带系挂在高处，再关闭吊篮门。完成以上操作后，实操人员可操作吊篮控制器提升吊篮。提升吊篮时应先将吊篮提升至离地面约 300mm 处静停，待观察确认吊篮安全无误后，再继续提升至工作面高度。

6.2.2 基层处理

1. 浮浆处理

为了保证打胶环境清洁，操作人员使用角磨机对接缝面进行打磨，清理墙缝水泥浮浆，以保证后步工序中密封胶与墙板能够粘结牢固（图 6.2.1）。

2. 杂质异物清理

打磨完成后，需用钢丝刷对墙体接缝面进行处理，清理墙缝处的杂质和异物，以免影响后期密封施工（图6.2.2）。

图6.2.1　浮浆处理　　　　　　　　　　　图6.2.2　杂质异物清理

3. 灰尘清理

用毛刷清理墙缝的碎屑和灰尘，保证墙缝干净清洁。

4. 粘贴墙缝保护纸

为提高实操平台的耐久性，保证其能够反复使用，建议操作者预先在墙板接缝面处粘贴或铺垫保护纸或保护膜，以免后期注入的胶体粘结并遗留到实操平台设备上，给清理工作带来麻烦。

考虑到密封胶自身具有流动性，因此建议竖缝底部的保护纸适当向下延伸一段长度。

6.2.3　填充背衬材料

将背衬材料（多为圆形聚乙烯泡沫PE棒）填充进墙体接缝处，并用辅助工具将其塞入接缝深处，为后期打胶留出10～15mm的深度空间。需用钢直尺确认预留出的打胶空间深度是否达到要求（图6.2.3）。

6.2.4　粘贴美纹纸

在墙体外侧临近接缝处的位置粘贴美纹纸。粘贴美纹纸的原因主要是考虑到这些区域临近打胶区域，极易沾染密封胶，故用美纹纸对该区域进行保护。美纹纸粘贴应连续、平整，宽度不应小于20mm（图6.2.4）。

6.2.5　涂刷底涂液

用毛刷将底涂液均匀涂刷至墙体接缝面上。

图6.2.3　填充背衬材料

106

底涂液由密封胶供应商根据相容性结果提供或推荐，应能实现基材与密封胶的稳定粘结。底涂液涂刷时应一次性涂刷好，避免漏刷或反复涂刷。底涂液涂刷完成后应晾晒至完全干燥才能进行施胶作业（图 6.2.5）。

图 6.2.4　粘贴美纹纸

图 6.2.5　涂刷底涂液

6.2.6　打胶

打胶应由下向上施打，先施胶竖缝，后施胶横缝。胶枪的注胶嘴切口应与接缝宽度和深度尺寸相适应。嵌填密封胶时枪嘴应抵至接缝底部均匀移动，胶枪的倾角应使挤出的密封胶处于被枪嘴推动状态，而不是枪嘴拖拉密封胶，以保证密封胶对接缝内有挤压力。施胶作业应形成连续光滑的胶缝，防止出现空腔和气泡（图 6.2.6）。

6.2.7　刮平压实密封胶

用刮板将接缝处密封胶刮平并压实。注意刮板应沿板缝匀速刮平，保证表面形成光滑、流线的胶缝，排出可能的夹渣、气泡及瑕疵。修饰时禁止用刮板反复刮压（图 6.2.7）。

图 6.2.6　施胶

图 6.2.7　刮平压实密封胶

6.2.8 打胶质量检验

打胶操作完成后，应由实操人员或考评人员对打胶质量进行检验。

6.2.9 工完料清

打胶完成后，应及时进行打胶装置清理。通过操纵遥控装置将四面墙体张开，清理墙体接缝处的胶体、PE棒、保护纸，必要时对墙体上残留的密封胶进行清除。

操作人员将吊篮降至地面，由他人辅助解除安全带的系挂连接，离开吊篮回到地面。对各实操工具进行清理并入库，对施工工作面进行清扫。工完料清后，结束本次实操作业。

任务 6.3　考核标准

钢筋混凝土预制外墙板接缝施工的实操工作，建议由单个实操人员独立完成，可根据实际情况安排辅助人员在吊篮附近监护。对于墙板接缝施工的实操培训与考核，本教材参考"1＋X装配式建筑构件制作与安装职业技能等级证书"实操考试的考核标准，制定了如表6.3.1所示考核标准，使用者可根据实际情况对该标准进行适当调整。

"密封防水考核人员"实操考核评定表　　　　　　　　　　表6.3.1

序号	考核项	考核内容(工艺流程＋质量控制＋组织能力＋施工安全)		评分标准
1	施工前准备工艺流程(15分)	劳保用品准备	佩戴安全帽(2分)	(1)内衬圆周大小调节到头部稍有约束感为宜。(2)系好下颚带，下颚带应紧贴下颚，松紧以下颚有约束感，但不难受为宜。均满足以上要求可得满分，否则得0分
			穿戴劳保工装、防护手套(2分)	(1)劳保工装做到"统一、整齐、整洁"，并做到"三紧"，即领口紧、袖口紧、下摆紧，严禁卷袖口、卷裤腿等现象。(2)必须正确佩戴手套，方可进行实操考核。均满足以上要求可得满分，否则得0分
			穿戴安全带(3分)	固定好胸带、腰带、腿带，使安全带贴身
		设备检查	检查施工设备(吊篮、打胶装置)(2分)	发布"设备检查"指令，考核人员操作开关检查吊篮和打胶装置是否正常运转。满足以上要求可得满分，否则不得分

序号	考核项	考核内容(工艺流程＋质量控制＋组织能力＋施工安全)		评分标准
1	施工前准备工艺流程(15分)	领取工具	领取打胶所有工具(2分)	发布"领取工具"指令,考核人员领取工具,放置指定位置,摆放整齐。满足以上要求可得满分,否则不得分
		领取材料	领取打胶所有材料(2分)	发布"领取材料"指令,考核人员领取材料,放置指定位置,摆放整齐。满足以上要求可得满分,否则不得分
		卫生检查及清理	施工场地卫生检查及清扫(2分)	发布"卫生检查及清理"指令,考核人员正确使用工具(扫把),规范清理场地。满足以上要求可得满分,否则不得分
2	封缝打胶工艺流程(50分)	基层处理	采用角磨机清理浮浆(3分)	发布"采用角磨机清理浮浆"指令,考核人员正确使用工具(角磨机),沿板缝清理浮浆。满足以上要求可得满分,否则不得分
			采用钢丝刷清理墙体杂质(3分)	发布"采用钢丝刷清理墙体杂质"指令,考核人员正确使用工具(钢丝刷),沿板缝清理浮浆。满足以上要求可得满分,否则不得分
			采用毛刷清理残留灰尘(3分)	发布"采用毛刷清理残留灰尘"指令,考核人员正确使用工具(毛刷),沿板缝清理浮浆。满足以上要求可得满分,否则不得分
		填充PE棒(泡沫棒)(6分)		发布"填充PE棒(泡沫棒)"指令,考核人员正确使用工具(铲子)和材料(PE棒),沿板缝横竖顺直填充PE棒。满足以上要求可得满分,否则不得分
		粘贴美纹纸(6分)		发布"粘贴美纹纸"指令,考核人员正确使用材料(美纹纸),沿板缝横竖顺直粘贴。满足以上要求可得满分,否则不得分
		涂刷底涂液(5分)		发布"涂刷底涂液"指令,考核人员正确使用工具(毛刷)和材料(底涂液),沿板缝内侧均匀涂刷。满足以上要求可得满分,否则不得分
		打胶	竖缝打胶(8分)	发布"竖缝打胶"指令,考核人员正确使用工具(胶枪)和材料(密封胶),沿竖向板缝打胶。满足以上要求可得满分,否则不得分
			水平缝打胶(8分)	发布"水平缝打胶"指令,考核人员正确使用工具(胶枪)和材料(密封胶),沿水平缝打胶。满足以上要求可得满分,否则不得分
		刮平压实密封胶(5分)		发布"刮平压实密封胶"指令,考核人员正确使用工具(刮板),沿板缝匀速刮平,禁止反复操作。满足以上要求可得满分,否则不得分
		打胶质量检验(3分)		发布"打胶质量检验"指令,考核人员打开打胶设备,正确使用工具(钢直尺)对打胶厚度进行测量。满足以上要求可得满分,否则不得分

序号	考核项	考核内容(工艺流程＋质量控制＋组织能力＋施工安全)		评分标准
3	工完料清 (10分)	清理板缝 (2分)		发布"清理板缝"指令,考核人员正确使用工具(抹布、铲子),将密封胶依次清理垃圾桶内。满足以上要求可得满分,否则不得分
		拆除美纹纸 (2分)		发布"拆除美纹纸"指令,考核人员依次拆除美纹纸。满足以上要求可得满分,否则不得分
		打胶装置复位 (1分)		发布"打胶装置复位"指令,考核人员点击开关,复位打胶装置。满足以上要求可得满分,否则不得分
		工具入库	工具清理 (2分)	发布"工具清理"指令,考核人员正确使用工具(抹布)清理工具。满足以上要求可得满分,否则不得分
			工具入库 (1分)	发布"工具入库"指令,考核人员依次将工具放置原位。满足以上要求可得满分,否则不得分。
		施工场地清理 (2分)		发布"施工场地清理"指令,考核人员正确使用工具(扫把),对施工场地进行清理。满足以上要求可得满分,否则不得分
4	质量控制 (25分)	工具选择合理、数量齐全 (2分)		打胶结束后考核人员配合考评员对打胶质量进行检查
		材料选择合理、数量齐全 (2分)		
		PE棒填充质量	是否顺直 (3分)	
		打胶质量	胶面是否平整 (4分)	
			厚度约为1～1.5cm (4分)	
		工完料清	打胶装置是否清理干净 (4分)	
			工具是否清理干净 (4分)	
			施工场地是否清理干净 (2分)	
5	安全施工	施工过程中严格按照安全文明生产规定操作,无恶意损坏工具、原材料且无因操作失误造成考试干系人伤害等行为		